“中国县域城镇低碳规划技术研究”丛书

“Research on Low-carbon Planning Technologies of Chinese County Towns” Series

基于碳平衡分区优化的城镇空间研究

County Space Research Based on Carbon Balance Zoning Optimization

龙志 王宁飞 陈兴鹏 张子龙 贾卓 庞家幸 著

天津大学出版社
TIANJIN UNIVERSITY PRESS

基于碳平衡分区优化的城镇空间研究 | JIYU TANPINGHENG FENQU YOUHUA DE CHENGZHEN KONGJIAN YANJIU

图书在版编目(CIP)数据

基于碳平衡分区优化的城镇空间研究 / 龙志等著. -- 天津 : 天津大学出版社, 2021.12
（“中国县域城镇低碳规划技术研究”丛书）
国家出版基金
ISBN 978-7-5618-7042-6

Ⅰ. ①基… Ⅱ. ①龙… Ⅲ. ①城镇－城市规划－碳循环－研究－中国 Ⅳ. ①TU984.2②X511

中国版本图书馆CIP数据核字(2021)第186931号

出版发行　天津大学出版社
地　　址　天津市卫津路92号天津大学内(邮编: 300072)
电　　话　发行部: 022-27403647
网　　址　www.tjupress.com.cn
印　　刷　北京虎彩文化传播有限公司
经　　销　全国各地新华书店
开　　本　170mm×240mm　1/16
印　　张　13.5
字　　数　277千
版　　次　2021年12月第1版
印　　次　2021年12月第1次
定　　价　70.00元（精装）

总　　序

气候变化是21世纪人类面临的最严峻挑战之一，全面控制二氧化碳等温室气体排放，寻求低碳发展之路成为国际社会的普遍共识。我国积极承担碳减排责任，承诺2030年前实现碳达峰，2060年前实现碳中和，并将低碳发展作为重大国家战略做出全面部署。

县域是我国行政治理的重要层级，县域面积约占国土面积的93%，县域人口约占人口总量的73%。县域经济是国民经济的基本单元，据统计，2019年中国县域经济总量约占全国的41%。但县域的单位GDP（国内生产总值）碳排放量高于全国平均水平约20%，因此，县域低碳发展的需求迫切、潜力巨大，挑战也极大！

与其他行业和产业的低碳技术研究相比，对城乡规划学科而言，低碳规划涉及的因素综合性更强。县域城镇低碳规划研究以县域人居环境改善为最终目标，探索县域碳排放的典型特征，研究产业结构、空间布局、生态环境等影响控碳目标的因素，提出县域低碳发展的最优人居治理范式，这是一项复杂的系统工程，需要多层次、多维度、多学科的跨界思考与协同，需要创新规划技术与方法。

天津大学建筑学院闫凤英教授及其研究团队聚焦县域城镇低碳规划理论和技术研究，在国家重点研发计划项目的支持下，以我国1 900多个县域为研究对象，深入研究了县域碳排放的典型特征，探索了城乡空间规划控碳机理，构建了多层次、多角度、系统化的县域城镇低碳规划理论及方法，提出了基于“评估—优化”的低碳规划技术手段和基于预测与模拟的碳排放量化技术。

闫凤英教授等撰写的“中国县域城镇低碳规划技术研究”丛书是该研究团队科研成果的集中体现。该丛书不仅丰富和发展了中国低碳规划理论和技术方法，也有力地支撑了县域城镇低碳规划的实践工作，为我国城乡区域发展实现更美好的“新常态”——一个更加绿色和低碳的常态，做出了规划学科应有的贡献。

是为序。

刘加平

前　言

县域作为我国经济功能完整、运行相对独立的基本空间单元，既是我国碳排放的重要组成部分和碳汇功能的主要承载空间，也是碳达峰、碳中和目标和政策落实的关键行政单元。系统梳理县域尺度碳排放和碳汇核算体系，研究典型县域碳排放与碳汇变化趋势、结构特征、时空格局和碳平衡分区对于县域碳达峰碳中和政策制定和实施，以及开展县域低碳空间规划具有重要意义，对探索县域“双碳目标”实现路径，推动县域生态保护，实现高质量发展和绿色低碳转型具有启示意义和参考价值。

本书以浙江省长兴县、四川省金堂县、河北省武安市和甘肃省庆城县 4 个典型县域为研究区域，系统核算了 4 个研究区域的碳排放和碳汇总量，分析了碳排放和碳汇的结构特征；构建了县域尺度碳排放和碳汇空间表达技术框架，探讨了 4 县（市）碳排放和碳汇时空格局；在碳平衡分区理论框架基础上，划定了 4 县（市）的碳平衡分区，进行了时空演化分析和多情景模拟，并基于低碳目标和碳平衡分区提出了县域空间优化评价指标体系。

本书是在国家重点研发计划课题“基于碳平衡分区优化的县域城镇空间布局规划研究”（编号：2018YFC0704702）的支撑下出版的。在写作过程中得到了天津大学建筑学院城乡规划系闫凤英教授的全力支持。本书写作人员具体分工如下：第一章由张子龙、庞家幸、龙志和王宁飞编写；第二章由陈兴鹏、王宁飞和龙志编写；第三章由龙志、王宁飞、庞家幸和张子龙编写；第四章由王宁飞、龙志和张子龙编写；第五章由龙志、王宁飞、张子龙和庞家幸编写；第六章由贾卓编写；第七章由王宁飞和龙志编写。此外，兰州大学博士研究生郎丽霞、孙颖琦、陈艳碧、任卫珍，硕士研究生赵靖祎、史慧影、丁博文鹏、王博、杨婷、李帅柯、胡孟然、李雪等参与了书中图件和数据处理工作，付出了大量的时间与精力。在此，向所有为本书出版付出努力的老师和同学表示由衷的感谢。

由于作者认识水平和调研工作的局限，编写过程中的疏漏之处敬请广大读者及各界人士批评指正。

目　　录

表目录

图目录

附图目录

第 1 章 绪论

1.1 研究背景

自 19 世纪人类社会进入工业文明发展时期以来，社会大众的生产生活发生了空前改变，整个世界经济都飞速发展起来。与此同时，人类大量使用化石燃料，森林、湿地、耕地、草地等陆地生态系统遭到破坏，而这些陆地生态系统是地球上重要的碳汇，因此导致了大气中二氧化碳（CO_2）含量的急剧增加。1979 年第一次世界气候变化大会的召开标志着气候变化问题正式被提上国际政治议程。1990 年联合国政府间气候变化专门委员会（IPCC，Intergovernmental Panel on Climate Change）第一次评估报告的通过标志着世界各国开始了气候谈判，1992 年签署《联合国气候变化框架公约》（UNFCCC）。1997 年制定的《联合国气候变化框架公约京都议定书》，首次明确了发达国家温室气体排放量与 1990 年相比至少减少 5%，并在 2005 年成为具有约束力的国际法律，这是人类首次以法规形式限制温室气体的排放。IPCC 的研究表明，大气中二氧化碳浓度过高是造成全球气候变暖的最主要原因，在过去 100 年里全球气温上升了约 0.6 ℃，由此造成了极端天气状况的出现，干旱、洪涝、台风、沙尘暴等气象灾害频发，使人类的生存环境恶化。IPCC 于 2007 年发布的第四次评估报告指出，全球平均气温和海温正在升高，大范围积雪和冰融化，从对全球平均海平面上升的观测中可以看出气候系统变暖是明显的（IPCC，2007）。这与 IPCC 2000 年发布的第三次评估报告的结论相一致，预计到 21 世纪末全球地表温度将持续升高。国内学者也在积极对过去千年温度序列进行重建研究，不同的团队利用不同的方式，重建了历史上的温度变化（Ge et al.，2010；初子莹 等，2005a；初子莹 等，2005b；葛全胜 等，2011；刘浩龙 等，2021；宋苗 等，2021；王晓青 等，2015；闫军辉 等，2017；郑景云 等，2010），证实了存在变暖的趋势。各种研究结果不断加深人类活动引起气候变化的认识，人类活动导致大气中二氧化碳含量上升的严重后果得到了广泛认识。IPCC 第四次评估报告也指出，人为导致的温室气体浓度增加“很有可能”是导致气候变暖的主要原因（IPCC，2007）。而全球变暖又给社会经济的发展带来严重损失，涉及能源安全、生态安全、水资源安全和粮食安全，甚至威胁人类生存。因此，全球变暖引起了国际社会的高度关注和对现有经济发展模式的反思，低碳经济发展模式受到极大的关注和青睐。

以低碳发展为核心的经济发展模式称为“低碳经济发展模式”，低碳发展的核心是把减少碳排放的理念整合到社会经济的各类活动中，通过建立经济高效、节约能源、低碳排放的生产方式和消费方式，形成可持续的低碳能源系统、技术体系和产业结构，实现经济增长与碳减排等多重目标。过去 30 年，特别是进入 21 世纪以来，我国经济发展主要依靠投资和外需共同拉动，并以高能耗为主的工业部门迅速扩张为特征，这种经济发展方式虽然在短期内增长速度较快，却是难以长期为继的。党的十八届五中全会提出了“绿色发展理念”，大力发展环境友好型产业，通过节能减排的技术措施，实现经济发展与自然和谐共生。中国在《巴黎协定》中提出将在 2030 年左右实现碳达峰、单位国内生产总值（GDP，Gross Domestic Product）二氧化碳排放量较 2002 年下降 60%~65% 的承诺，控制并减少碳排放成为国家重大需求与必须承担的国际义务。中国提出到 2030 年实现碳达峰、2060 年实现碳中和，其中的关键问题是能源结构、排放控制和低碳发展应该如何调整以及它对碳中和的影响。基于多模型集成模拟的研究表明，为实现升温控制在 1.5 ℃以内的目标，中国应该将碳排放和能源消耗分别降低 90% 和 39%。尽管不同行业部门的多模型减排目标具有差异性，但能源结构均被认定为减排的关键（Duan et al.， 2021）。迅速减少煤炭使用是中国实现 2060 年碳中和目标和全球 1.5 ℃温控目标的关键战略。基于技术、经济和环境三项标准，通过对全国当前运营的燃煤电厂进行评估，国家制定了各省逐步淘汰燃煤电厂的策略，2045—2055 年逐步完成淘汰工作，可分别实现 1.5 ℃或远低于 2 ℃的气候目标（Cui et al., 2021）。为顺应低碳发展要求，2010 年 7 月，《国家发展改革委关于开展低碳省区和低碳城市试点工作的通知》（发改气候〔2010〕1587 号）发布，低碳城镇建设成为共同追求的目标。在国内，低碳城市的研究和实践已成为城市发展的热门话题，而基于控碳体系的低碳城镇规划作为城镇建设和管理的基本依据，是实现低碳城镇建设的关键技术之一。

《联合国气候变化框架公约》和谈判协议的通过，一定程度上促进了世界各国节能减排以及全球碳循环研究的开展。在此背景下，定量研究全球温室气体的收支平衡及其控制机制成为热点问题，2002 年国际地圈生物圈计划（IGBP, International Geosphere-Biosphere Programme）、国际全球环境变化人文因素计划（IHDP，International Human Dimensions Programme on Global Environmental Change）和世界气候研究计划（WCRP，World Climate Research Programme）共同制定了“全球碳项目（GCP，Global Carbon Project）——全球碳循环国际合作研究框架”。在这一框架下，动员全世界的科学家从三个科学主题（即碳循环模型和变量、碳循环过程和控制的相互作用、碳循环的未来动态）入手，来完成框架确定的研究内容。出于对全球变暖的担忧以及应对全球气候变化的挑战，碳循环与碳排放研究已成为国内外学术界研究的热点问题（苑立波， 2012； 孙建卫 等， 2010； Soytas et al.， 2007）。其中，定量分析和评价碳源、碳汇状况是碳循环研究的重要科学问题之一（方精云 等， 2007）。从管理层面看，碳核算是碳排放管理的起点，只有了解自身导致的温室气体排放后，才有可能识别在哪个环节可以采取什么样的措施，进而实现节能减排、降低成本的目标，才有可能制定可行的低碳政策，所以对决策者来说，碳核算非常重要。因此在建设低碳城镇时，准确建立区域碳排放账户，测算区域碳排放和碳汇，研究县域碳排放结构势在必行。在碳循环研究中，森林、湿地、耕地和草地等陆地生态系统对区域碳收支平衡起着至关重要的作用。众所周知，森林、湿地、耕地和草地等生态系统的分布有很大的地域性差异，所以各区域的碳吸收量也不同。我国幅员辽阔，气候差异明显，因此我国碳汇存在较大的空间差异。

县域是我国经济功能完整、运行相对独立的基本空间单元，也是我国碳排放的重要组成部分和碳汇功能的主要承载空间，更是碳达峰、碳中和目标和政策落实的关键行政单元。县级层面资源浪费与短缺并存。县域城市化进程中，在经济增长的同时也排放了大量的二氧化碳。与城市相比，县域经济增长潜力巨大，发展路径更加灵活（Long et al.， 2021）。相应地，碳排放压力与碳减排潜力在县域层面并存。县域是我国新型城镇化进程中统筹城乡低碳规划的重要层级，如何达成县域持续发展的低碳经济，是应该解决也是必须解决的难题（葛维萍， 2010；苗苏， 2011）。因此，县域在实现碳减排目标中发挥着重要作用，它是城乡低碳规划的重要组成部分。由此可见，县域低碳发展潜力巨大，需求迫切。目前，许多研究都集中在城市碳排放上（Cai et al.，2019；Chen et al.，2017；Mi et al.，2019a；Mi et al.，2019b；Shao et al.，2016），对县域尺度碳排放的研究相对较少，特别是关于县域尺度碳排放核算和碳排放空间化表达的研究。因此，本项研究选择长兴县、金堂县、武安市和庆城县作为研究对象，探索建立县域碳源 / 碳汇核算清单，建立城镇开放空间的县域碳汇体系和碳排放的县域碳源 / 碳汇体系的测量方法。

1.2　研究区域

1.2.1　长兴县

长兴县隶属于浙江省湖州市，地处浙江省北部，长江三角洲的杭嘉湖平原，太湖西南岸，是全国综合竞争力百强县（市）之一。长兴县与湖州市安吉县、吴兴区和安徽省广德市、江苏省宜兴市接壤，是苏、浙、皖三省交界处，总面积为 1 430 平方千米。长兴县辖 4 个街道、9 个镇、2 个乡，2017 年户籍总人口 63.45 万人，实现地区生产总值 553.2 亿元，其中，第一产业产值 33.5 亿元，第二产业产值 275.1 亿元，第三产业产值 244.6 亿元，三次产业占比为 6.1：49.7：44.2。长兴县的主要高碳工业产品为水泥、石灰和平板玻璃，水泥产量 1 247.6 万吨，石灰产量 59.53 万吨，平板玻璃产量 1 548.46 万重量箱。

1.2.2　金堂县

金堂县隶属于四川省成都市，是中国西部百强县（市）之一，地处成都平原东北部，东临德阳市中江县，南靠简阳市和资阳市乐至县，北接广汉市和德阳市中江县，西连青白江区、龙泉驿区，总面积为 1 156 平方千米。金堂县下辖 6 个街道、2 个乡和 18 个镇，2017 年户籍总人口 90.30 万人，实现地区生产总值 374.99 亿元，其中，第一产业产值 46.41 亿元，第二产业产值 176.58 亿元，第三产业产值 152.00 亿元，三次产业占比为 12.4：47.1：40.5。金堂县的主要高碳工业产品为平板玻璃，2017 年平板玻璃产量为 818.50 万重量箱。

1.2.3 武安市

武安市隶属于河北省邯郸市，是全国综合竞争力百强县（市）之一，它位于河北省南部、太行山东麓，晋、冀、豫三省交会地带，总面积 1 806 平方千米。武安市辖 22 个乡镇、1 个省级工业园区，2017 年常住人口 85.99 万，实现地区生产总值 660.5 亿元，其中，第一产业产值 23.5 亿元，增长 4.4%；第二产业产值 398.1 亿元，增长 4.7%；第三产业产值 238.9 亿元，增长 11%，三次产业结构为 3.6：60.3：36.2，人均地区生产总值 7.9 万元。在武安市的主要高碳工业产品产量中，水泥熟料 324.4 万吨，生铁 2 387 万吨，粗钢 2 582.4 万吨。

1.2.4 庆城县

庆城县位于甘肃省东部、泾河上游，地处陕、甘、宁三省区交会地带，东临合水县，西濒蒲河支沟与镇原县相望，南与西峰区毗邻，北与环县、华池县接壤。庆城县县辖 9 个镇、6 个乡、2 个街道，常住人口 26.85 万，总土地面积 2 692.6 平方千米，2017 年实现地区生产总值 61.94 亿元，其中，第一产业产值 10.09 亿元，增长 5.3%；第二产业产值 30.98 亿元，下降 4.6%；第三产业产值 20.87 亿元，增长 2.9%。三次产业结构比为 16.3：50：33.7，人均国内生产总值为 2.37 万元。

1.3　研究思路

本研究基于区域碳循环及碳平衡理论，探索基于碳平衡分区优化的县域城镇空间布局规划的理论框架及方法体系；明确县域碳源和碳汇的核算体系，建立县域碳源和碳汇核算清单和核算方法；探索县域尺度最佳空间分辨率，建立县域碳排放空间表达的方法体系，构建县域尺度高分辨率碳源和碳汇数据库；基于县域尺度高分辨率碳源和碳汇空间数据，分析县域碳源和碳汇时空格局；基于县域空间碳收支，构建县域碳平衡分区的理论框架和指标体系，确定划分标准。在分析县域碳平衡分区时空演化的基础上，本研究通过探索县域碳平衡分区演变的驱动因子，对碳平衡分区进行分情景模拟预测，进而确定最优情景下的碳平衡分区，建立县域低碳空间布局测度指标体系及空间布局低碳规划的判据准则，并为后续课题的开展奠定理论和技术基础。

县域碳循环活动机理及其与空间布局的耦合关系研究——首先，基于县域范围内不同时期的中高分辨率遥感影像和卫星图片、能源资源生产和消费统计数据、社会经济统计数据、生态环境统计数据等，构建县域尺度碳收支平衡账户，建立县域碳循环活动的计量模型；其次，通过相关文献整理，分析影响县域低碳空间布局的物质空间要素，根据出现的频次高低进行排序，选择出现频次最高的若干因素，确定影响县域低碳空间布局的主要物质影响因素，分析结论将为后续的县域低碳空间布局提供依据。

县域碳平衡分区的演变历程、影响机理及模拟预测研究——首先，以县域为研究尺度，以网格为基本单元，挖掘县域多源时空数据，从县域碳源 / 碳汇的视角，基于县域碳循环活动的计量模型，分析县域碳平衡分区的演化历程以及影响其演化历程的影响机理，分析其驱动力模型，模拟预测县域碳平衡分区的多情景变化，从而合理确定低碳发展目标下的最优分区情景；其次，针对县域碳平衡分区的影响机理及最优的碳平衡分区，提出最优碳平衡分区下的县域土地利用结构优化目标，构建低碳土地利用结构，为县域低碳空间布局的低碳化规划和政策提供更为科学的技术支撑。

县域低碳空间布局测度指标体系及空间布局低碳规划的判据准则——首先，构建县域低碳空间布局测度的指标体系。基于构建的县域碳循环活动的计量模型，将碳排放量控制引入规划控制目标，针对县域碳循环活动与空间布局各物质影响要素之间的关联构建起县域低碳空间布局测度指标体系，实现县域碳排放量、经济发展及环境效益的综合平衡目标，形成科学合理、切实可行的评价体系，最终形成对县域低碳空间布局规划方法的判据准则。其次，制定县域低碳空间布局的规划标准。在县域低碳发展目标指导下，辨识出影响空间布局的主要要素，如各类用地规模、位置、结构、比例关系、用地之间的关联等，优化设计准则，进而研究空间组合布局原则，制定出满足县域低碳发展需求的规划布局标准以及实现差异化发展的规划准则与实施机制，探索一种以碳收支计量分析为纽带的县域低碳空间布局模式。

基于碳平衡分区优化的县域空间布局规划方法研究将县域各类用地作为研究低碳规划的对象。首先，对确定的最优情景下的碳平衡分区内各类用地进行碳排放计量分析，分别建立测算公式计算各类用地的碳排放量；其次，对当前县域碳平衡分区进行评估，同时对最优情景下的碳平衡分区进行清晰认识和对比，定性、定量测度与控制相结合，分析其差异及提升程度；最后，合理确定各分区之间不同用地的规模、选址并合理规划布局。要尽可能优化各类用地的比例关系，重视发展生态用地，均衡分布区域绿地系统，增强碳汇功能，在保证经济发展的前提下尽可能提高生态空间的比重，探索实现县域低碳空间布局的方法和路径。本研究技术路线如图 1-1 所示。

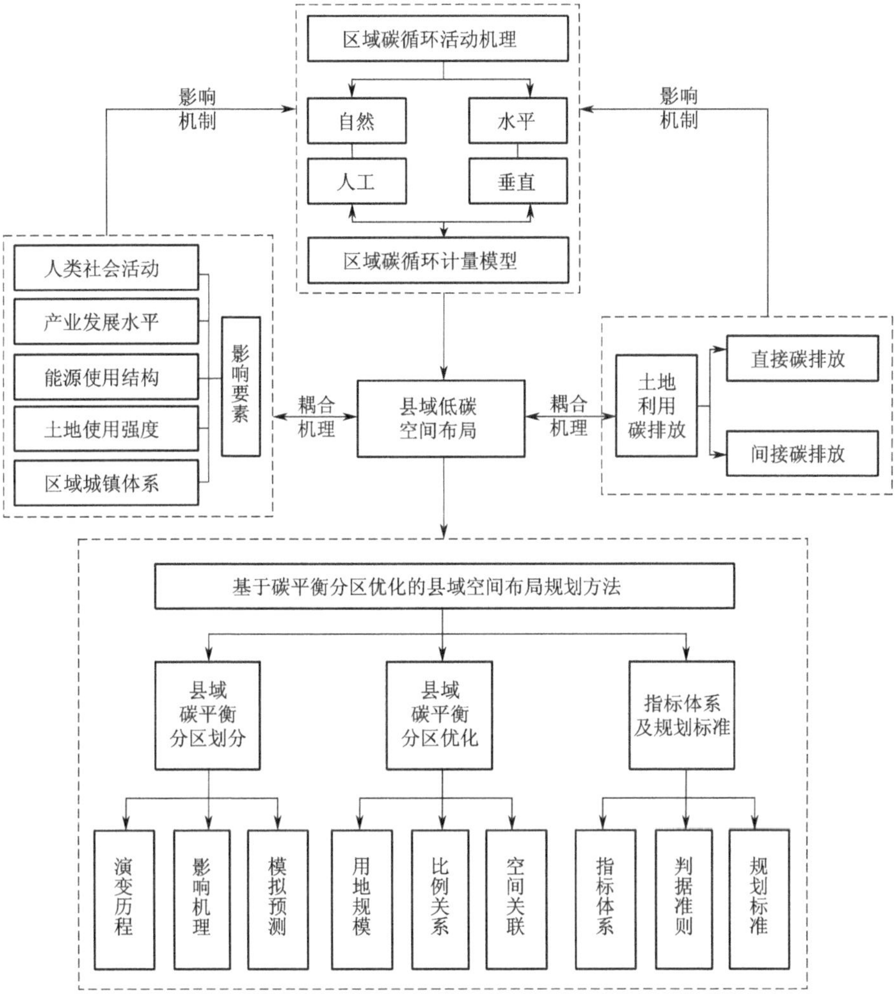
区域碳循环活动机理
影响
机制
自然
水平
人工
垂直
影响
机制
区域碳循环计量模型
人类社会活动
产业发展水平
能源使用结构
土地使用强度
区域城镇体系
影响要素
耦合
机理
县域低碳
空间布局
耦合
机理
土地
利用
碳排放
直接碳排放
间接碳排放
基于碳平衡分区优化的县域空间布局规划方法
县域
碳平衡
分区划分
县域
碳平衡
分区优化
指标体系
及规划标准
演变历程
影响机理
模拟预测
用地规模
比例关系
空间关联
指标体系
判据准则
规划标准

图 1-1　研究技术路线

1.4 研究进展

1.4.1 碳排放核算的研究进展

2009年中国二氧化碳排放量超过美国，成为全球最大的二氧化碳排放国（Yuan et al.，2014）。尽管中国的二氧化碳排放量在2013年暂时达到峰值9.53 Gt，然后在2014—2016年有所下降，但中国仍然是世界最大的碳排放国和能源消费国，其排放量约占全球总排放量的三分之一（29.5%）（Guan et al.，2018；Shan et al.，2020）。如果不采取缓解措施，中国的二氧化碳排放量将在未来15年内增加50%以上（Liu et al.，2015）。然而，要达到控制大气中二氧化碳浓度的目标，就需要在全球范围内减排二氧化碳（Rau et al.，2015），而保持持续减排的趋势必须要有中国的相对贡献，这也是绿色、低碳和高质量发展的要求。人类活动产生的碳排放增加已成为全球气候变化的主要驱动力（Li et al.，2014；Xu et al.，2013）。碳排放的增长主要来自工业、交通和能源供应，而住宅和商业建筑等也产生了大量的二氧化碳、甲烷和其他温室气体（GHG，Greenhouse Gas）（Huisingh et al.，2015）。工业部门在中国经济增长和二氧化碳排放中发挥着重要作用（Zhang et al.，2017）；交通运输业是中国第三大温室气体排放源，仅次于电力工业和钢铁工业（Zhang et al.，2019）；农业也是温室气体排放的重要来源（Tang et al.，2021）。总的来说，城市化作为人类最重要的活动，对碳排放和区域气候变化都有很大影响，如能源消耗和二氧化碳排放量的增加、城乡平均气温的升高（Kim et al.，2011；Wang et al.，2014；Zhou et al.，2016）。

目前碳排放核算采用的主要方法有实测法、物料平衡法、模型估算法以及IPCC清单法。这些方法在使用过程中各有利弊，测算结果也会有所差异（郝千婷等，2011）。其中，IPCC 清单法的使用最为广泛，其他估算方法使用相对较少。

实地布点监测可以采集到比较精确的数据，但是这种方法需要在研究区内多点布测，时间和经济成本都很高（蔡博峰 等，2017）。与实地监测法相似，模型法也需要大量样本点来验证模型参数的可靠性，所需成本较高，很难达到在区域尺度估算碳排放时空特征的目的。物料平衡法基于质量守恒定律，对各种物料在生产过程中产生的碳排放进行定量测算，是目前国际上广泛采用的碳排放估算方法（刘明达 等，2014）。在当前研究中，较常用到的是 IPCC 推荐的两种物料平衡法：详细燃料分类估算法和详细技术分类估算法（Li et al.，2015）。

IPCC 是一个专门研究由人类活动所造成的气候变化的机构，在众多的温室气体研究机构中最权威而且影响力最大。IPCC 的报告和排放因子数据库等已经成为气候变化、清单编制领域的标准和参考，现已被广泛使用。IPCC 设有三个工作小组和一个国家温室气体清单专题组，第一工作小组负责评估气候系统和气候变化问题，第二工作小组评估气候变化对生态系统、社会经济和人类健康的影响，第三工作小组评估减缓气候变化的方案，其中国家温室气体清单专题组负责研究与清单有关的方法与准则。《国家温室气体清单优良做法指南及不确定性管理》《土地利用、土地利用变化及林业优良做法指南》《IPCC 2006 年国家温室气体清单指南 2019 修订版》等有关温室气体清单编制的指南和方法论已经成为气候变化、温室气体清单编制领域的标准和参考，被决策者和科学家广泛使用。

1995 年，IPCC 出版首份《IPCC 国家温室气体清单指南》，以自然排放源、社会经济排放源两大类为基础，将碳排放源细分为能源、工业过程、溶剂和其他产品使用、土地利用变化和林地、农业、废弃物等 6 个部分，并对每个部门进一步给出排放明细项目。以 1996 年温室气体排放清单为基础，2006 年 IPCC 又出版了新的清单指南，将碳源合并为 4 个部分，即能源活动，工业过程和产品使用，农业、林业和其他土地利用，废弃物。

国外学者利用 IPCC 提出的方法，在全球以及国家尺度的二氧化碳排放估算方面做了不少研究。研究人员研究了全球二氧化碳排放情况，结果表明仅 2003—

2004 年间碳排放量就增加 1.2 Gt，其中 60% 的份额来源于煤炭燃烧（Quadrelli et al.， 2007）。通过估算韩国 1991—2011 年每季度能源消耗产生的二氧化碳排放量，结果表明化石燃料的持续消耗是韩国二氧化碳排放量增长的主要来源（Park et al.， 2013）。在中国，由于碳排放数据来源渠道比较有限，许多碳排放估算研究也是基于 IPCC 方法和能源消耗数据展开的。

随着近年来中国经济的快速发展，中国的碳排放总量已达世界第一。从现有关于碳排放的研究可以发现，目前学术界对中国碳排放的历史演变过程、区域差异特点、主要影响因素以及生态系统碳排放与碳循环的模式、特点、数量等问题进行了研究（胡初枝 等， 2008； 徐国泉 等， 2006； 张雷， 2006； 赵荣钦 等， 2009）。但是，国内有关碳排放清单的研究多集中在国家和省域尺度。钱杰（2004）以上海市的碳源和碳汇为研究实例，研究了 1994—2003 年上海人口、能源消耗、土地利用和城市植被的变化所引起的城市碳源和碳汇的变化。2008 年国家发展和改革委员会启动中国省级应对气候变化方案项目，其基础工作就是要求各省（自治区、直辖市）对城市温室气体排放进行核算。2009 年生态环境部环境规划院的蔡博峰等（2009）出版了《城市温室气体清单研究》，系统阐述了城市温室气体清单研究的思路、方法和原则，介绍并对比了城市温室气体清单研究方法和特征，同时选择纽约、伦敦、丹佛、多伦多、东京、巴塞罗那等国外大城市，总结了这些城市温室气体清单的研究方法、排放情况和减排模型及对策。朱世龙（2009）研究了北京市温室气体排放现状及减排对策。郭茹等引入国际通用的城市能源碳排放核算方法对 2007 年上海市能源碳排放进行了核算，并将上海市碳排放现状与东京、伦敦和纽约等国际都市进行了对比分析，运用情景分析法尝试性地对 2050 年前上海市可能的能源碳排放趋势进行了模拟（Guo et al.，2010）。陈红敏（2011）梳理了国际碳核算体系的发展。郝千婷等（2011）对当前碳排放核算方法进行了概述，介绍了各种核算方法的基本原理，并分析了各种核算方法的特点，为碳排放核算及研究方法的选取提供了参考依据。同时，研究人员从工业能源、农村能源、垃圾处理、土地利用、行业部门等方面对碳排放测算进行了相关研究（方昭，2017；葛全胜 等，2008；王育宝 等，2017；王长波 等，2012；张涛 等，2012；赵荣钦 等，2012；周五七，2012）。针对核算边界，丛建辉等（2014）从不同角度梳理、辨析了直接排放与间接排放、组织边界排放与行政地理疆界排放等 9 种城市碳排放核算的边界界定方法，厘清了各种界定方法之间的关系。何艳秋等（2015）以 GDP 统计核算体系作为参考，探索性地构造了中国碳排放统计核算体系的基本框架，包含基础层级、中间层级和目标层级，以期通过核算框架建立起“国家—地区—城市—行业”四位一体的碳排放统计核算体系，使中国的碳核算系统化、制度化，便于国家统一管理和监控减排目标的实现程度及效果。

但是，地方政府作为实现碳排放管理的最直接行政单位，特别是作为行政单元最基础的县级单位，对其开展的相关研究很少。

我国现有的节能减排工作是以自上而下的方式推进的，即由上级政府确定目标和考核方式，层层分解落实。这一方式能够有效发挥我国的体制优势。但是，在具体落实过程中，该方式也存在着不可忽视的粗放性。为促进应对气候变化和节能减排政策的有效实施，有必要将节能减排工作建立在基本事实和科学数据的基础之上，即建立与排放主体相关的碳核算体系。但县域温室气体研究刚刚起步，成果很少，缺乏系统、规范的县域温室气体研究方法和操作流程，这些不足和困难都使中国县级层面难以科学有效地开展温室气体的研究和核算。

1.4.2　碳汇核算研究进展

世界三大固碳生态系统是海洋、土壤和森林（Chmura et al.，2003；Korner，1995；Oren et al.，2001），其中陆地和海洋固碳最为可靠（Cusack et al.，2014）。陆地生态系统作为重要的碳汇，特别是森林的固碳问题受到广泛关注。陆地生态系统是人类赖以生存和持续发展的生命支持系统，是受人类活动影响最强烈的区域，是大气的主要碳汇（方精云 等，2007）。植被是地球上陆地碳的主要储存库，通过光合作用每年固定大气中的二氧化碳约 100 P[①]gC（方精云等，2001a）。森林是主要的陆地碳库，储存了陆地生态系统地上部分有机碳的80%，地下部分的 40%，其土壤碳储量约占全球土壤碳储量的 73%（简盖元 等，2012）。全球陆地的大部分碳储存在森林生态系统，全球的森林植被及土壤共储碳 1 146 PgC（Dixon et al.，1994），占全球陆地总碳库的 46%，其余的碳储存在草地、耕地、湿地等生态系统中（IPCC，2000）。森林作为陆地上最主要的生态系统，单位面积森林储存的碳是农田或草原的 50 倍（张骏，2008）。生态系统对现在和未来的气候变化、碳平衡都具有重要意义，因此准确估算陆地生态系统的碳储量，评价其碳汇功能，具有重要意义。陆地生态系统的碳储量及固碳能力已成为当前研究热点之一。

中国在碳汇领域的研究起步相对较晚，但在借鉴国外研究理论和成果的基础上，有了快速发展。刘国华等（2000）通过建立多种林分类型生物量与蓄积量线性回归方程来估测中国森林碳储量，估算出中国森林碳储量将以 91.2~101.7 T[②]gC/a 的速率增长。方精云等（2001b）建立生物量换算因子后，通过森林资源清查数据推估森林生物量，结果表明中国近 20 年间森林碳储量增加约 0.4 PgC，年均增加 0.022 PgC。方精云等（2002）利用森林资源清查、生物量实测等相关资料，建立大尺度推算森林生物量的换算因子（BEF，Biomass Expansion Factor）连续函数法，研究了中国 50 年来森林植被碳汇功能的动态变化及空间分布。同时也有学者提出利用遥感数据对我国森林生态系统的碳储量进行分析，Piao 等人（2005，2006）提出基于卫星遥感影像的中国森林生物量碳库估算方法，利用已有的土地利用和资源清查数据、大气二氧化碳浓度观测数据、遥感数据以及气象数据，借助遥感、GIS（地理信息系统）等新技术的支持，并结合大气反演模型和基于过程的生态系统碳循环模型进行研究。结果表明，在 20 世纪 80 年代至 90 年代，中国陆地生态系统碳储量平均每年增加 0.19~0.26 PgC，中国陆地生态系统碳汇大小相当于此间

---

① P 是 Peta 的首字母缩写，等于 10^{15}。

② T 是 Tera 的首字母缩写，等于 10^{12}。

中国工业源二氧化碳总排放量的28%~37%，显著高于欧洲（7%~12%），与美国相近（20%~40%）（Piao et al.，2009）。目前中国是全球最大的二氧化碳排放国，但是陆地生态系统固碳能力亦不容忽视，Wang 等人（2020）基于中国 6 个温室气体观测本底站的碳监测数据估算了 2010—2016 年间中国陆地生态系统的碳汇能力。结果显示，中国年碳汇能力约为 11.1 亿吨，相当于同期本国排放量的 45%，远高于原估计值，该结果证明了中国近 40 年来恢复天然林和培育人工林工作所取得的巨大成效。

除了森林，草地、湿地、水体、耕地等也具有碳汇功能。湿地生态系统的土壤碳储量约 450 Pg，占全球土壤总储量的三分之一（Lal，2004）。湿地生态系统对气候变化十分敏感，是陆地生态系统碳循环响应全球变化的重要环节，湿地吸碳能力是其他生态系统的 10 倍，能有效促进碳平衡的进程（邓培雁 等，2003；李姝 等，2015）。同样，水体、草地、耕地等在碳循环和固碳方面也发挥着非常重要的作用。

现在关于碳汇核算的主要方法有：样地清查法、通量观测法、遥感估算法和模型模拟法。

样地清查法是指通过设立典型样地，精确测定生态系统中植被生物量、凋落物和土壤等碳库碳储量的研究方法，又可分为生物量法、蓄积量法以及材积—生物量法。生物量法的做法是构建预测模型，确定生物量与树木胸径或树高的回归关系，然后利用回归关系和所有树木的实测胸径或树高推算样地的生物量。蓄积量法根据森林主要树种抽样后的实测数据，计算出森林中主要树种的平均容重，由森林的总蓄积量求出生物量，再根据生物量与碳量的转换系数求出森林的固碳量。材积—生物量法通过研究大量森林实测生物量与蓄积量的回归关系进行估算。

通量观测法是应用微气象技术，在碳汇上方直接测定二氧化碳的涡流传递速率，从而计算出生态系统吸收、固定二氧化碳量的方法（Wofsy，1993）。

遥感估算法可以应用于大尺度范围，通过解译遥感数据，获取植被指数（VI，Vegetation Index）、叶面积指数（LAI，Leaf Area Index）、归一化植被指数（NDVI，

Normalized Difference Vegetation Index）和植被吸收的光合有效辐射分量（FPAR，Fraction of Absorbed Photosynthetically Active Radiation），同时与地面调查相结合，完成植被的空间分类和时间序列分析，然后分析生态系统中碳的时空分布和动态特征，并估算出大面积生态系统的碳储量及土地利用变化对碳储量的影响。

模型模拟法是通过数学模型估算生态系统的生产力和碳储量的方法，一般从具体的生态学现象入手，通过大量的观测，使用统计学方法排除随机因素的干扰而得到所需要的规律。

1.4.3 碳排放空间化研究进展

碳排放的空间核算从宏观到中观尺度转换的主要思路是基于碳排放总量自上而下进行分解和间接推算，国外在该领域研究较早的是美国橡树岭联合大学能源分析研究所的 Rotty （1983）和 Marland 等（1985），前者在地缘政治背景下测算了二氧化碳排放量的分布；后者则主要基于联合国燃料使用数据，按经纬度划定的 5° × 5° 的网格计算二氧化碳排放量的空间分布（美国和加拿大的各州、省则按照人口密度分布进行测算）。Rotty 只做了以国家为核算单位的简单碳排放空间分布，Marland 则按区域网格和人口分布将各个国家的省区碳排放量进行分解，在忽略人的差异的前提下对人类活动碳排放进行空间分解，虽然具有一定的解释力，但是人类的收入、消费习惯等差异导致的能源消耗量的悬殊差距使以人口分布为基础的碳排放空间分解不具有说服力。两位学者是碳排放空间量化分布和分解推算研究领域的先驱，为后继学者提供了一定的方法论启示。

国内关于碳排放空间尺度转换的研究也主要基于国家和省级能源数据，通过核算省级碳排放量，利用人口、经济等指标数据自上而下地间接推算市、县一级的碳排放量，研究方法也经历了由简单的人口占比分配到人口和经济综合占比分配的改进过程。如汪浩等（2014）基于排放系数法计算的京津冀都市圈市级二氧化碳排放量，利用人口占比分配法将市级二氧化碳排放量自上而下分解至 128 个县级区域。朱松丽等（2017）在前者的研究基础上将人口这一指标改进为人均生活碳排放量，并引入了三次产业的碳排放强度对省级碳排放总量进行分解。谭显春等（2018）则在朱松丽采用方法的基础上，利用修正过的市级三次产业碳强度与人均碳排放对分解核算公式进行改进，按省级—市级—县级逐级测算。由于县级 GDP 和人口数据与省级层面数据存在差异，前者的分解核算方法可能导致县域排放总量与省级排放总量不相等，使研究结果不具备可比性。后者虽在前者基础上有所改进，避免了总量不相等的问题，但其仍然是沿着自上而下的思路对总量进行分解，各市、县经济和人口消费的差异导致分解测算结果的准确度存在不确定性。

前期的碳排放空间核算主要以人口、经济等数据自上而下间接推算碳排放空间分布，但随着对空间数据精度要求的不断提高，对二氧化碳排放的监测、报告与核查更趋严格，基于碳排放源自下而上进行碳排放总量核算，得到高质量碳排放空间数据成为研究主流和重点（蔡博峰 等，2015）。基于碳排放点源和面源的碳核算方法简单、准确，而且数据的可靠性和实际空间分辨率要远高于基于替代数据推算的空间化结果。随着研究的深入推进，碳排放空间分布数据的分辨率也更高，国际上相关研究由最初的经纬度为 10°×10°（Rotty，1983）到 5°×5° 和 1°×1° 的网格（Andres et al.，1996），再到分辨率为 0.1°×0.1° 的空间网格数据（范志欣 等，2018）。全球大气研究排放数据库（EDGAR，Emissions Database for Global Atmospheric Research）的数据主要来源于国际能源署（IEA，International Energy Agency）的碳排放点源数据库和全球能源统计数据，并结合全球人口分布、土地利用、道路网络等数据实现碳排放空间网格化。碳排放的空间化研究取得长足进展，这些研究成果在耕地（Ciais，2010b）和林地（Luyssaert et al.，2010）碳平衡等方面发挥着重要作用。Ciais 等（2010a）以欧盟 25 国化石燃料燃烧产生的二氧化碳排放量为研究对象，通过将与碳排放相关的人类活动（如道路交通、大型碳源、居民能源消耗等）和时间剖面分解为尺度更为精细的子活动，从而得到 100~200 km 分辨率的年碳排放量地图。这些研究结果更加精细，分辨率由之前的 5°（约 500 km）提升到了 100~200 km，但仅以大型碳源等部分碳排放源作为研究基础，忽略了高碳农业和畜牧业等重要面源，核算结果的精准度大打折扣。

国内由于受数据获取和数据质量的限制，自下而上进行碳排放核算及空间化研究的成果相对较少。国内按照自下而上的思路进行碳排放核算研究较早的是南京大学环境学院的赵瑜，他的研究基于火电厂、工业、交通和居民及商业活动的能源消耗和生产过程中产生的碳排放，建立了 2005 年和 2009 年中国 0.25° ×0.25°（约 25 km × 25 km）的二氧化碳排放网格数据（Zhao et al.， 2012）。在碳排放核算及空间化方面研究成果较多、影响较大的是生态环境部环境规划院、气候变化与环境政策研究中心的蔡博峰团队。王金南和蔡博峰等（2014）基于全国第一次污染源普查数据（涵盖工业源、城镇生活源、移动源、农业 / 农村源和工业生产过程等 5 个方面），采用自下而上的方法建立了中国 2007 年 10 km × 10 km 的二氧化碳排放栅格数据。随后其研究团队又基于工业、城镇、交通和农业等 4 个主要板块，构建了中国 2012 年 10 km × 10 km 的二氧化碳排放栅格数据（Cai et al.， 2018）。

随着研究的持续深入，蔡博峰团队的研究尺度和研究精度不断细化，研究尺度由全国缩小至区域和市级尺度，如长江三角洲地区（蔡博峰 等， 2015）、天津市（蔡博峰 等， 2013）和重庆市（蔡博峰， 2014），空间分辨率由 10 km 细化到 1 km。这些研究的核算方法体系参考《2006 年 IPCC 国家温室气体清单指南》，并且多采用排放因子法。就全国尺度的碳排放而言，研究多偏重空间分布特征，未考虑与研究区域碳排放总量的一致性问题。而且自下而上方法的测算结果准确度取决于数据的精度，基于重点排放源数据测算的碳排放量与实际量会存在差别，无法确保与国家级和省级核算总数的一致性。此外，部分内容如道路交通排放和农业生活排放等是基于自上而下方法进行的空间分解，可见并非所有核算指标均为自下而上进行核算。

第 2 章
碳源和碳汇核算体系

2.1 碳排放核算清单

碳排放核算清单是进行碳排放核算的基础。1992 年通过的《联合国气候变化框架公约》要求缔约方采用大会议定的可比方法，定期编制并提交所有温室气体人为源排放量和汇吸收量的国家清单。从 1995 年第一版《IPCC 国家温室气体清单指南》到《IPCC 2006 年国家温室气体清单指南 2019 修订版》（朱松丽 等，2018），IPCC 出版了一系列碳排放核算方法论技术指南（表 2-1）。碳排放核算清单主要包括 4 个部分：能源活动（Energy），工业过程和产品使用（IPPU，Industrial Processes and Product Use），农业、林业和其他土地利用（AFOLU，Agriculture，Forestry and Other Land Use），废弃物（Waste），4 个部分又分别有详细的核算内容及清单。

表 2–1 IPCC 国家温室气体清单系列技术指南

时间	技术指南
1995 年	《IPCC 国家温室气体清单指南》（朱松丽 等，2018）
1997 年	《IPCC 国家温室气体清单指南（1996 年修订版）》 https://www.ipcc-nggip.iges.or.jp/public/gl/invs1.html

续表

时间	技术指南
2000 年	《国家温室气体清单优良做法指南和不确定性管理》 https：//www.ipcc.ch/publication/good-practice-guidance-and-uncertainty-management-in-national-greenhouse-gas-inventories/
2003 年	《土地利用、土地利用变化和林业优良做法指南》 https：//www.ipcc.ch/site/assets/uploads/2018/03/GPG_Chi.pdf
2006 年	《2006 年 IPCC 国家温室气体清单指南》 https：//www.ipcc-nggip.iges.or.jp/public/2006gl/index.html
2014 年	《源自京都议定书的方法和优良做法指南 2013 修订版》 https：//www.ipcc.ch/site/assets/uploads/2018/03/KP_Supplement_Entire_Report.pdf
2014 年	《对 2006 年 IPCC 国家温室气体清单指南的 2013 增补：湿地》 https：//www.ipcc.ch/site/assets/uploads/2018/03/Wetlands_Supplement_Entire_Report.pdf
2019 年	《IPCC 2006 年国家温室气体清单指南 2019 修订版》 https：//www.ipcc-nggip.iges.or.jp/home/2019refinement.html

2.1.1 能源

人类活动最主要的碳排放源是能源活动，其排放量占人类活动温室气体排放总量的 80%，因此大部分碳排放核算研究均围绕着能源活动，尤其是一次能源消耗展开。根据《2006 年 IPCC 国家温室气体清单指南》，能源活动被划分为固定源燃烧，移动源燃烧，逸散性排放，二氧化碳运输、注入和地质储存等 4 个部分。能源活动又具体涉及能源工业、制造工业、交通运输、煤矿、石油和天然气开采及加工等 18 个方面，如表 2-2 所示。

表 2-2　能源活动核算清单

能源活动	具体行业部门
固定源燃烧	能源工业、制造工业和建筑业、其他部门
移动源燃烧	民航、公路、铁路、水运、其他运输
逸散性排放	煤矿采掘、加工、存储和运送中产生的逸散排放，石油和天然气系统的逸散排放

续表

能源活动	具体行业部门
二氧化碳运输、注入和地质储存	二氧化碳捕获、运输、注入和地质储存

注：表格根据《2006 年 IPCC 国家温室气体清单指南》第 2 卷整理，详见：https://www.ipcc-nggip.iges.or.jp/public/2006gl/chinese/vol2.html。

2.1.2　工业过程和产品使用

工业过程和产品使用是仅次于能源活动的主要碳排放源，2010—2012 年，近四分之三的全球碳排放增长来自化石燃料燃烧和水泥生产过程（Liu et al., 2015）。工业过程的碳排放主要包括采掘工业、化学工业、金属工业、非能源产品、电子工业、其他产品制造和使用等行业部门生产过程的碳排放；产品使用的碳排放主要涉及臭氧损耗物质和氟化替代物使用造成的碳排放。工业过程和产品使用核算清单见表 2-3。

表 2-3　工业过程和产品使用核算清单

部门 / 类别	工业过程和产品使用
采掘工业	水泥、石灰和玻璃生产，其他碳酸盐过程使用
化学工业	氨气、硝酸、己二酸、己内酰胺、乙二醛和乙醛酸、电石、二氧化钛、纯碱、石油化工和炭黑、氟化物生产
金属工业	钢铁和冶金焦生产，铁合金、原铝、镁、铅、锌生产
非能源产品	润滑剂、固体石蜡使用，沥青生产和使用，溶剂使用
电子工业	半导体、液晶显示器和光电流的腐蚀和 CVD①清洁，热传导液体使用
臭氧损耗物质和氟化替代物排放	溶剂（非气溶胶）、气溶胶（助剂和溶剂）、发泡剂、制冷和空调、防火等
其他产品制造和使用	电气设备和其他设备中的六氟化硫和全氟碳排放、产品使用产生的 N_2O

注：① CVD 为 Chemical Vapor Deposition 的缩写，指化学气相沉积；表格根据《2006 年 IPCC 国家温室气体清单指南》第 3 卷整理，详见：https://www.ipcc-nggip.iges.or.jp/public/2006gl/chinese/vol3.html。

2.1.3 农业、林业和其他土地利用

土地利用和管理会影响多种生态系统过程（光合作用、呼吸作用、分解作用、硝化 / 反硝化作用、肠道发酵等）、微生物过程（微生物、植物和动物的活动）和物理过程（燃烧、淋溶和径流），引起碳和氮的转换，进而对温室气体流量产生影响。农业、林业和其他土地利用主要涉及林地、耕地、草地、湿地、居住地、其他用地、畜禽粪便管理以及石灰和尿素的应用。针对《2006 年 IPCC 国家温室气体清单指南》在湿地温室气体排放方面存在的不足，IPCC 于 2014 年发布了《对 2006 年 IPCC 国家温室气体清单指南的 2013 增补：湿地》，补充了湿地排干、还湿及滨海湿地、用于污水处理人工湿地的温室气体排放与吸收的估算方法（张称意 等，2014）。

土地利用管理和变化产生的碳排放适用于大空间尺度和长时间跨度，县域尺度短时间跨度产生的碳排放较少，而且研究区域的土地利用变化不显著，故本课题研究的农业、林业和其他土地利用的核算主要为农业部门，包括水稻种植和禽畜养殖。

2.1.4 废弃物

废弃物主要包括城市固体废弃物、污泥、工业废弃物和其他废弃物，废弃物处置过程中会产生甲烷、二氧化碳、非甲烷挥发性有机化合物及较少量的氧化亚氮、氮氧化合物和一氧化碳。3%~4% 的年度全球人为温室气体排放是由固体废弃物处置场所产生的甲烷促成的，废弃物碳排放主要源自固体废物处理、垃圾露天焚烧、废水处理及排放，废物物核算清单如表 2-4 所示。

表 2-4　废弃物核算清单

废弃物	类型
城市固体废弃物	生活垃圾、庭院和公园废弃物、纸制品、木材、纺织品、橡胶和皮革、塑料及电子废弃物等其他废弃物
污泥	生活污泥、工业污泥
工业废弃物	纸制品、纺织品、食品、木材、合成皮革、橡胶、塑料、石油产品及溶剂等
其他废弃物	危险废弃物、医疗废弃物

2.1.5　县域碳排放核算清单

县域碳排放核算清单包括能源活动、工业过程和产品使用、农业生产、废弃物处理等 4 大排放来源，涉及工业、商业、居民、水路运输、公路交通、农机使用、种植业和畜牧业等部门。能源活动主要涉及煤炭、石油、天然气等化石能源及电力等二次能源，碳排放类型为二氧化碳。农业生产碳排放涉及水稻种植和禽畜养殖等，碳排放类型为甲烷。废弃物处理碳包括污水处理和垃圾处理等，碳排放类型为二氧化碳和甲烷。工业过程和产品使用碳包括石灰、水泥熟料、平板玻璃、生铁和粗钢等工业品的生产，碳排放类型为二氧化碳。碳排放量可根据活动量数据和排放系数计算得到核算结果，县域碳排放核算清单样表见表 2-5。

表 2-5 县域碳排放核算清单样表

排放源	部门	类型	活动量		排放系数		排放量
			值	单位	值	单位	tC
能源活动	工业	无烟煤		t		tC/t	
		一般烟煤		t		tC/t	
		焦炭		t		tC/t	
		天然气		万 m^3		tC/ 万 m^3	
		液化天然气		t		tC/t	
		汽油		t		tC/t	
		柴油		t		tC/t	
		液化石油气		t		tC/t	
		石油焦		t		tC/t	
		其他石油制品		t		tC/t	
		生物燃料		t		tC/t	
		其他燃料		t		tC/t	
		净外购电力		万 kW·h		tC/（万 kW·h）	
		……					
	民 / 商用	液化石油气		t		tC/t	
		天然气		万 m^3		tC/ 万 m^3	
		净外购电力		万 kW·h		tC/（万 kW·h）	
		……					
	水运	柴油		t		tC/t	
		汽油		t		tC/t	
		净外购电力		万 kW·h		tC/（万 kW·h）	
		……					
	农机	柴油		t		tC/t	
		汽油		t		tC/t	
		净外购电力		万 kW·h		tC/（万 kW·h）	
		……					

续表

排放源	部门	类型	活动量		排放系数		排放量
			值	单位	值	单位	tC
能源活动	公路	柴油		t		tC/t	
		汽油		t		tC/t	
		液化天然气		t		tC/t	
		天然气		万 m^3		tC/ 万 m^3	
		净外购电力		万 kW·h		tC/（万 kW·h）	
		……					
农业生产	种植业	水稻种植		亩		tC/ 亩	
	畜牧业	禽畜养殖		—		—	
	……	……					
废弃物处理	垃圾处理	垃圾		t		tC/t	
	污水处理	污水		—		—	
	……	……					
工业过程和产品使用	水泥生产	水泥熟料		t		tC/t	
	玻璃生产	平板玻璃		万重量箱		tC/ 万重量箱	
	石灰生产	石灰		t		tC/t	
	冶铁	生铁		t		tC/t	
	炼钢	粗钢		t		tC/t	
	……	……					
合计							

2.2 碳汇核算清单

土地利用变化过程既是碳排放过程也是碳吸收过程，土地利用变化在全球碳循环中发挥着重要作用。本研究参照中国科学院资源环境与科学数据中心土地利用分类办法，将土地利用类型分为耕地、林地、草地、水域、建设用地和未利用地。建设用地为净碳排放用地类型，在此不做碳汇变化分析。由于未利用地的人类活动干扰较小，本研究假设其碳收支为平衡状态。本研究着重估算林地、草地、水域和耕地的碳汇量。

2.2.1 林地

森林在全球生态系统碳循环过程中起着关键作用，全球森林面积占陆地总面积的 30%，森林生态系统碳储量占全球陆地生态系统的 46%，是地球上最大的碳汇（马学威 等，2019；吴庆标 等，2008）。林地在县域土地利用中占有重要地位，林地植被通过光合作用，吸收大气中的二氧化碳，将其以有机碳的形式固定到森林植被和土壤中，通过植树造林和科学的林业管理增加森林面积，可以提高森林生态系统中的碳储量。

2.2.2 草地

草地是陆地生态系统的重要组成部分，占据着全球总面积的 20%，在生态系统碳循环中起着重要作用。研究表明，草地生态系统占陆地生态系统总生产力的 30%（高树琴 等，2016；郭然 等，2008）。草地生态系统容易受人类活动的影响，碳循环活动非常活跃。草地生态系统中的碳主要集中在土壤中，植被碳储量较少。准确估算草地在县域中的碳汇量及其动态变化，有利于对县域土地利用结构进行调整，为草地管理提供科学依据。根据草地覆盖度的不同，将草地分为高覆盖度草地、中覆盖度草地和低覆盖度草地。

2.2.3　水域

水域包括河渠、湖泊、水库和滩地等。已有研究表明，水域具有巨大的固碳潜力，全球水域储存的碳占陆地生态系统的 35%（段晓男 等，2008）。湿地生态系统通过生物、化学或物理过程从大气中捕获并长期储存二氧化碳，从而能够有效降低区域二氧化碳浓度，减少温室效应，湿地植物通过光合作用吸收大气中的二氧化碳，并将其转化为有机质，积累大量的有机碳和无机碳（宋洪涛 等，2011）。

2.2.4　耕地

耕地既是碳源，也是碳汇。一方面，土地翻耕与化肥、农药、农膜、机械动力的使用都会产生碳排放。另一方面，耕地作物的光合作用可以将二氧化碳以碳水化合物的形式固定到植物体内，减少空气中的二氧化碳；也可以通过秸秆还田等方式，增加土壤碳库中的有机碳（程琨，2013；程琨 等，2016；韩冰 等，2008；阮俊梅 等，2020）。

2.3 碳排放核算方法

为有效核算国家碳排放量，以 IPCC 为主导的国际机构制定了估算国家碳排放量的方法体系。IPCC 推荐的碳排放核算方法主要有参考方法和部门方法两大类，参考方法是一个自上而下的方法，通过能源供应总量表观消费总量，计算主要化石燃料燃烧产生的二氧化碳排放量；该方法的优点是数据相对容易获取，计算过程简单。部门方法是根据分部门的能源消费量分别核算分部门的二氧化碳排放量，加总后获得国家整体的碳排放量（刘竹 等，2018）。IPCC 倡导的优良做法是使用参考和部门这两种方法分别进行估算，并对二者的结果进行对比。

2.3.1 能源

（1）化石能源

化石能源碳排放的核算是基于每种类型能源燃烧时发热量、单位热值的含碳量和碳氧化率等 3 个核心指标进行测算，计算公式如下：

$$E_e = AC \cdot CF \cdot CC \cdot COF \tag{1}$$

式中：E_e 表示能源使用碳排放量；AC 指表观消费量；CF 指低位发热量；CC 表示单位热值含碳量；COF 指碳氧化率，是燃料中的碳在燃烧过程中被氧化的比率，表征燃料燃烧的充分性。

令 $EF=CF \cdot CC \cdot COF$，式（1）进一步简化为

$$E_e = AC \cdot EF \tag{2}$$

式中：EF 为碳排放因子。IPCC 参考方法被归纳为排放因子法而被广泛使用（赵领娣 等，2018；赵荣钦 等，2016a；赵荣钦 等，2016b）。国家发展和改革委员会在 3 个批次 24 个重点行业企业温室气体排放核算方法与报告指南中给出了常

用化石燃料相关参数的缺省值（表 2-6）。

表 2-6 常用化石燃料相关参数缺省值

燃料品种	单位	低位发热量 *CF*（GJ/t，GJ/ 万 m^3）	单位热值含碳量 *CC*（tC/TJ）	碳氧化率 *COF*（%）
无烟煤	t	20.304	27.49	94
烟煤	t	19.570	26.18	93
褐煤	t	14.080	28.00	96
洗精煤	t	26.344	25.40	90
其他洗煤	t	8.363	25.40	90
型煤	t	17.460	33.60	90
其他煤制品	t	17.460	33.60	90
焦炭	t	28.447	29.50	93
原油	t	41.816	20.10	98
燃料油	t	41.816	21.10	98
汽油	t	43.070	18.90	98
柴油	t	42.652	20.20	98
一般煤油	t	44.750	19.60	98
石油焦	t	31.998	27.50	98
其他石油制品	t	41.031	20.00	98
焦油	t	33.453	22.00	98
粗苯	t	41.816	22.70	98
液化天然气	t	41.868	17.20	98
液化石油气	t	50.179	17.20	98
焦炉煤气	万 m^3	173.540	12.10	99
高炉煤气	万 m^3	33.000	70.80	99
转炉煤气	万 m^3	84.000	49.60	99
其他煤气	万 m^3	52.270	12.20	99
天然气	万 m^3	389. 31	15.30	99
炼厂干气	万 m^3	45.998	18.20	99
密闭电石炉气	万 m^3	111.190	39.51	99

数据来源：http://zfxxgk.ndrc.gov.cn/web/iteminfo.jsp？id=1776；https://www.ndrc.gov.cn/xxgk/zcfb/tz/201502/t20150209_963759.html；http://zfxxgk.ndrc.gov.cn/web/iteminfo.jsp？id=2313。

焦炉煤气、高炉煤气、转炉煤气和炼厂干气属于二次能源。焦炉煤气是在炼焦炉中经过高温干馏后所产生的一种可燃性气体，其主要成分为氢气和甲烷，另外还含有少量的一氧化碳、二氧化碳等其他气体。高炉煤气是高炉炼铁生产过程中副产的低热值可燃气体，其主要成分为氮气、一氧化碳、二氧化碳和氢气。转炉煤气是转炉炼钢过程中，铁水中的碳在高温下和吹入的氧生成一氧化碳和少量二氧化碳的混合气体。炼厂干气是炼油厂炼油过程中产生并回收的蒸馏气，其主要成分为乙烯、丙烯和甲烷、乙烷、丙烷、丁烷等，主要用作燃料和化工原料。当涉及炼焦、炼铁和炼钢等工业过程时，为避免重复核算，焦炉煤气、高炉煤气和转炉煤气等二次能源不纳入核算体系。

（2）净外购电力

电力属于二次能源，是重要的能源之一。考虑到区域碳转移，也需要将电力碳排放纳入核算体系。当本地发电量不能满足电力供给，需要从外界购入电力时，则涉及电力碳排放核算。为了避免碳排放的重复计算，我们只考虑净外购电力的排放量，即本地发电厂生产的电力不纳入核算体系，本地发电厂消耗一次能源所产生的碳排放量已计入化石能源碳排放部分。为了便于确定基准线排放因子，中国电网统一划分为华北、东北、华东、华中、西北和南方区域电网，不包括西藏自治区、香港特别行政区、澳门特别行政区和台湾地区。上述区域电网覆盖的省、直辖市、自治区如表 2-7 所示。

表 2–7　区域电网覆盖的省、直辖市、自治区

电网名称	覆盖的省、直辖市和自治区
华北电网	北京市、天津市、河北省、山西省、山东省、内蒙古自治区
东北电网	辽宁省、吉林省、黑龙江省
华东电网	上海市、江苏省、浙江省、安徽省、福建省
华中电网	河南省、湖北省、湖南省、江西省、四川省、重庆市
西北电网	陕西省、甘肃省、青海省、宁夏回族自治区、新疆维吾尔自治区
南方电网	广东省、广西壮族自治区、云南省、贵州省、海南省

在本课题研究涉及的 4 个示范县（市）中，长兴县位于浙江省，属于华东电网；金堂县位于四川省，属于华中电网；武安市位于河北省，属于华北电网；庆城县位于甘肃省，属于西北电网。长兴县和金堂县为净电力输出县，不涉及净外购电力。庆城县的电力消耗和一次能源消耗均转化为标准煤进行统计，无法准确剥离。涉及净外购电力碳排放核算的只有武安市。生态环境部应对气候变化司研究确定了中国区域电网基准线排放因子，其中华北电网 2008—2017 年基准线排放因子如表 2-8 所示。

表 2-8　华北电网 2008—2017 年基准线排放因子

年份	*EF*（tC/MWh）	年份	*EF*（tC/MWh）
2008	0.270 8	2013	0.219 3
2009	0.243 7	2014	0.218 0
2010	0.237 4	2015	0.207 2
2011	0.221 3	2016	0.197 8
2012	0.217 7	2017	0.194 4

数据来源：http://www.mee.gov.cn/ywgz/ydqhbh/wsqtkz/201812/t20181220_685481.shtml；
http://www.mee.gov.cn/ywgz/ydqhbh/wsqtkz/201812/P020181220579925103092.pdf。

2.3.2　工业过程和产品使用

由于数据的可获得性，宏观尺度的工业过程和产品使用部分的碳排放核算研究主要集中在水泥、钢铁、原铝、平板玻璃等行业部门，其中水泥生产过程的碳排放是工业过程和产品使用碳排放中最主要的部分。

（1）水泥生产过程的碳排放

工业过程排放是水泥生产的主要碳排放源之一，水泥生产工艺排放主要发生在熟料煅烧阶段。水泥生料的主要成分是碳酸钙和碳酸镁，在高温下分解并释放二氧化碳（曹植 等，2017）；水泥是熟料、石膏和其他材料的混合物，直接根据水泥产量计算二氧化碳排放量（即采用固定的基于水泥的排放因子）不是优良做法；水泥熟料产量才是估算水泥生产过程碳排放的直接数据（刘竹 等，2018）。从国家级和省级尺度而言，水泥熟料产量的数据主要来自《中国水泥年鉴》。但年鉴的更新速度慢，因此国家级和省级尺度的水泥生产过程碳排放仍然需要根据国家和各省的水泥生产量进行测算。

IPCC根据水泥产量和熟料产量分别给出了式（3）和式（4）两个核算方法：

$$E_c=(M_c \cdot C_{cl}-I_m+E_x) \cdot EF_{cl} \tag{3}$$

式中：E_c 指水泥生产过程的碳排放量；M_c 指水泥产量；C_{cl} 为水泥的熟料比例；I_m 为熟料的进口量；E_x 为熟料的出口量；EF_{cl} 为熟料的排放因子。

$$E_{cl}=M_{cl} \cdot EF_{cl} \cdot CF_{ckd} \tag{4}$$

式中：E_{cl} 指水泥熟料生产过程的碳排放量；M_{cl} 指水泥熟料产量；EF_{cl} 指熟料的排放因子；CF_{ckd} 指水泥窑灰（CKD）的排放修正因子。

荷兰环境评估署（PBL）等国际机构根据IPCC给出的排放因子估算的中国水泥碳排放结果与中国实际情况不相符，为此沈镭等（2016）通过对全国22个省区359条生产线进行工艺排放因子、水泥综合排放因子等10个指标的分析测算，发现IPCC给出的工艺排放默认值为527 kgCO_2/t熟料，比研究结果（519.66 kgCO_2/t熟料）高出1.4%。IPCC根据美国标准给出的水泥熟料比的默认值为75%（掺配水泥/建筑水泥）和95%（硅酸盐水泥/波特兰水泥），而中国2014年水泥生产熟料比全国平均只有57.21%[①]，而且全国各省水泥生产熟料比也存在着明显差异。

（2）钢铁生产过程的碳排放

钢铁工业是能源密集型行业，消耗大量化石能源，排放大量二氧化碳。钢铁生产过程的碳排放主要源自生产过程和熔剂消耗。炼铁是用碳将铁矿石还原成铁并产生二氧化碳的过程；炼钢是一个氧化降碳的过程，即将生铁中的碳含量降到

① 数据来源：《中国水泥年鉴2005》。

2% 以下；熔剂主要指石灰石、白云石和菱镁矿等碳酸盐类熔剂，在高温条件下，熔剂分解释放二氧化碳（张蕊娇 等，2012）。钢铁生产过程的碳排放核算主要有碳排放系数法和质量平衡法。IPCC 针对钢铁生产过程碳排放给出了 3 种核算方法，国家级和省级尺度的钢铁生产过程碳排放由于受数据的制约，只有方法 1（排放系数法）适用，见式（5）。

$$E_{is}= P_i \cdot EF_i + P_s \cdot EF_s \quad (5)$$

式中：E_{is} 指钢铁生产过程的碳排放量；P_i 指生铁产量；EF_i 指生铁碳排放因子；P_s 指粗钢产量；EF_s 指粗钢碳排放因子。

基于质量平衡法，通过平衡碳的输入和输出，也可计算钢铁生产过程中氧化的碳的数量（上官方钦 等，2010）和熔剂使用碳排放量，见式（6）和式（7）。

$$E_{is} = (C_i - C_s) \cdot P_s \quad (6)$$

$$E_f = C_f \cdot (C_{CaO} \cdot 0.785 + C_{MgO} \cdot 1.09) \quad (7)$$

式中：E_{is} 指钢铁生产过程的碳排放量；C_i 为生铁含碳量；C_s 为钢含碳量；P_s 为钢产量；E_f 为熔剂使用中产生的碳排放量；C_f 为熔剂消耗量①（刘宏强 等，2016）；C_{CaO} 表示 CaO 含量；C_{MgO} 表示 MgO 含量②。

（3）平板玻璃生产过程的碳排放

平板玻璃（Plate Glass）生产过程的碳排放源主要有两个：一是原料配料中的碳粉氧化产生二氧化碳；二是白云石、纯碱和石灰石（方解石 / 文石）等各类碳酸盐原料的分解反应产生二氧化碳。

$$E_{pg}= \sum (M_i \cdot EF_i \cdot F_i) \cdot P + E_c \quad (8)$$

式中：E_{pg} 为平板玻璃生产过程的碳排放量；M_i 为消耗的第 i 种碳酸盐的典型原料配比；EF_i 为第 i 种碳酸盐的排放因子；F_i 为第 i 种碳酸盐的煅烧比例，缺省值为 100%；P 为平板玻璃产量；E_c 为碳粉氧化产生的二氧化碳排放量。

---

① 钢铁生产过程熔剂排放因子：石灰石为 0.430（tCO_2/t），白云石为 0.474（tCO_2/t）。

② 石灰石中平均 CaO 成分为 51.43%，平均 MgO 成分为 2.3%；白云石中平均 MgO 成分为 19.42%。

配料中所加入的碳粉会全部氧化生成二氧化碳，其碳排放计算公式为

$$E_c = Q_c \cdot C_c \cdot P \qquad (9)$$

式中：E_c 为碳粉氧化产生的二氧化碳排放量；Q_c 为平板玻璃生产原料中碳粉的典型配比；C_c 为碳粉含碳量的加权平均值，缺省值为 100%；P 为平板玻璃产量。

表 2-9 列出主要产品工业过程的碳排放系数。

表 2-9　主要产品工业过程的碳排放系数

产品	单位	*EF*（tC / t，tC/ 万重量箱）
水泥熟料	t	0.141 7
平板玻璃	万重量箱	29.499 6
石灰	t	0.205
焦炭	t	0.139 0
生铁	t	0.046 9
粗钢	t	0.040 4

2.3.3　农业、林业和其他土地利用

（1）种植业

农业部门是重要的碳排放源，主要涉及能源消耗、水稻种植和畜牧业产生的碳排放。在进行宏观尺度碳排放总量的核算过程中，为避免重复核算，应将农业部门的能源消耗碳排放量排除。农业部门涉及碳排放的主要是种植业和畜牧业，种植业碳排放部分来源于化肥、农药、农膜等（韩会庆 等，2018）农业生产要素的投入，通过将各项农用物资在生产和运输过程中的耗能和耗电折算成燃料投入量，最后可得出碳排放系数。农业机械使用和维修消耗汽油、柴油和电力等一次能源也会产生碳排放，土地翻耕的碳排放也是来源于农业机械的使用，翻耕会使土壤表层碳储量增加，但不会引起土壤相对净碳释放量的增加。灌溉碳排放来源于水泵耗能（伍芬琳 等，2007）。农业种植业生产中，水稻是温室气体排放的重

要来源（张露 等，2016），水灌稻田中土壤有机质厌氧分解产生甲烷。水稻生长期内稻田甲烷排放占水稻生产全过程碳排放的 85.05%（王兴 等，2017）。中国地域广阔，不同省区的气候、温度等存在差异，各地水稻生长周期内的甲烷排放率也不相同。闵继胜和胡浩（2012）基于王明星等人（1998）测算出的中国 30 个省区单季稻甲烷排放率，结合早稻、晚稻和中季稻的生长周期（分别为 85 天、100 天和 105 天），计算出了中国各省区水稻生长周期内的甲烷排放系数，其中浙江省的水稻种植碳排放因子为 0.038 6 tC/ 亩（注：1 亩 ≈666.67 平方米）。

（2）畜牧业

畜牧业碳排放主要以甲烷形式存在，牛、绵羊、山羊、马、猪、驴和骡等的肠道发酵和粪便管理会产生甲烷，相关排放系数见表 2-10、表 2-11。

表 2–10　动物肠道发酵排放系数

牲畜	排放系数（$kgCH_4$/ 头 / 年）
牛	55
绵羊	5
山羊	5
马	18
驴和骡	10
猪	1

表 2–11　粪便管理排放系数

牲畜	排放系数（$kgCH_4$/ 头 / 年）	
	温和	温暖
奶牛	18.818	30
水牛	2	2
其他牛	1	1
猪	4.091	6.667
绵羊	0.15	0.2
山羊	0.17	0.22

续表

牲畜	排放系数（$kgCH_4$/ 头 / 年）	
	温和	温暖
马	1.64	2.19
驴和骡	0.9	1.2
家禽	0.02	0.02

注：奶牛和猪的排放系数为不同温度条件下的均值。

2.3.4 废弃物

与废弃物相关的碳排放主要来自甲烷，甲烷的排放量取决于废水中可降解有机物的数量。测定废水有机成分的常用参数是生化需氧量（BOD）和化学需氧量（COD）。通常，生活污水中 BOD 的报告频率更高，而 COD 主要用于测定工业废水。本研究根据污水处理厂的数据，计算了与污水相关的碳排放量。根据污水处理厂的进水、出水 BOD（或 COD）浓度，可以得到 BOD（或 COD）的降低量。我们用式（10）计算了污水处理过程中的碳排放量和排入环境的碳排碳量。

$$CE_w=TOW \cdot B_0 \cdot MCF \tag{10}$$

式中：CE_w 为污水处理排放的碳排放量；TOW 为年库存废水中的有机物总量；B_0 为最大甲烷产生量；MCF 为甲烷修正系数（分数）。排放系数如表 2-12 所示。

表 2-12 废物相关排放系数

B_0		MCF	
（$kgCH_4$/kgBOD）	（$kgCH_4$/kgCOD）	河流和湖泊排放	集中耗氧处理厂
0.6	0.25	0.1	0.165

数据来源：2019 Refinement to the 2006 IPCC Guidelines for National Greenhouse Gas Inventories.
https://www.ipcc-nggip.iges.or.jp/public/2019rf/pdf/5_Volume5/19R_V5_6_Ch06_Wastewater.pdf。

2.4　碳强度测量方法

2.4.1　单位 GDP 碳排放强度

单位 GDP 碳排放强度指单位地区生产总值产生的碳排放量，计算方法如式（11）所示。

$$IC_{gdp}=CE/GDP \tag{11}$$

式中：IC_{gdp} 表示单位 GDP 碳排放强度，单位为 t/ 万元；CE 表示碳排放总量，单位为 t；GDP 表示地区生产总值，单位为万元。

2.4.2　工业碳排放强度

工业碳排放强度是指单位工业增加值产生的碳排放量，计算方法如式（12）所示。

$$IC_{ind}=CE_{ind}/IVA \tag{12}$$

式中：IC_{ind} 表示工业碳排放强度，单位为 t/ 万元；CE_{ind} 表示工业碳排放总量，单位为 t；IVA 表示地区工业增加值，单位为万元。

2.4.3　农业碳排放强度

农业碳排放强度是指单位农业增加值产生的碳排放量，计算方法如式（13）所示。

$$IC_{ag}=CE_{ag}/AVA \tag{13}$$

式中：IC_{ag} 表示农业碳排放强度，单位为 t/ 万元；CE_{ag} 表示农业碳排放总量，单位为 t；*AVA* 表示地区农业增加值，单位为万元。

2.4.4 碳排放空间强度

碳排放空间强度指单位面积产生的碳排放量，可以表征碳排放强度的空间分布和空间异质性，计算方法如式（14）所示。

$$IC_{area}=CE_i/TA_i \tag{14}$$

式中：IC_{area} 表示碳排放空间强度，单位为 t/ha；CE_i 表示区域 i 的碳排放总量，单位为 t；TA_i 表示区域 i 的面积，单位为 ha。

2.4.5 人均碳排放强度

人均碳排放强度指单位人口产生的碳排放量，计算方法如式（15）所示。

$$IC_{pop}=CE/POP \tag{15}$$

式中：IC_{pop} 表示人均碳排放强度，单位为 t/ 人；*CE* 表示碳排放总量，单位为 t；*POP* 表示地区人口总数，单位为人。

2.5 碳汇核算方法

2.5.1 城镇开放空间碳汇核算

城镇边界识别源于城市边缘区识别。国内学者在 20 世纪末开始研究城市边缘区，早期的识别方法多以行政边界和道路为依据，在此基础上，通过构建指标和数学模型，利用自然断点法、模糊评价法对我国中东部城市的边界进行识别。随着遥感影像技术的发展，人们逐渐利用遥感解译和夜间灯光强度数据等获取城市边界，但利用遥感影像提取城市边界需要长时间的序列数据，而且精度要求较高；夜间灯光强度数据在计算过程中阈值难以确定，主要依靠主观判定，而且存在像元溢出效应。随着大数据时代的到来，电子地图兴趣点（POI）数据带有空间和属性信息，精度高、更新快、数据量大，在城市研究中得到广泛应用。

本研究利用 Densi-Graph 方法基于城镇 POI 密度变化提取城镇边界（方斌 等，2017；许泽宁 等，2016），该方法可及时有效地分析城镇边界变化。POI 密度的空间分布差异反映了不同区域的发展水平，POI 点的分布模式、分布密度在基础设施规划、城市空间分析中具有重要意义。通常在 POI 分布图中可发现建成区数据较为密集，而在边界附近密度呈现显著下降趋势。

本研究运用核密度估计法分析建成区范围内的 POI 数据，生成 POI 密度等值线；利用 Densi-Graph 方法提取城镇建成区边界；利用空间叠置分析，进行不同带宽情况下核密度估计计算，从中选出最优带宽核密度估算的城镇边界。

此外，本研究还通过遥感解译手段对城镇空间的林地、草地等碳汇进行解译，获得土地利用类型面积，利用碳汇系数法对碳汇进行估算。

2.5.2 乡村生态空间碳汇核算

碳汇的核算方法包括样地清查法、涡度相关法和遥感估算法（李笑笑 等，2020；吕景辉 等，2008）。样地清查法需要选取典型样地，测算其生态系统内的植被、土壤及枯枝落物碳储量。涡度相关法是基于微气象学原理对样地进行连续监测，形成区域碳汇监测体系。遥感估算法通过遥感影像获取植被面积，利用碳汇系数法对碳汇进行估算，它可以在较大尺度上估算碳汇。

乡村生态空间中的生态系统包含耕地、林地、草地、水域等碳汇体系，利用遥感解译手段提取各种土地利用类型的面积，再利用碳汇系数测算乡村生态空间碳汇量。

本研究基于遥感估算法和碳汇系数，计算乡村生态空间各类土地利用变化的碳汇量。

$$S=\sum(A_i \cdot K_i) \tag{16}$$

式中：S 为碳汇量；A 为碳汇土地利用类型面积；K 为碳汇系数；i 为碳汇土地利用类型，包括耕地、林地、草地和水域（表 2-13）。

表 2-13　土地利用类型碳汇系数

土地利用类型		碳汇系数（tC/ha）	来源
耕地	水田	0.14	（Fang et al.，2018）
	旱地	0.14	（Fang et al.，2018）
林地	有林地	0.87	（Fang et al.，2018）
	灌木林	0.23	（Fang et al.，2018）
	疏林地	0.581	（方精云 等，2007）
	其他林地	0.232 7	（Guo et al.，2013）
草地	高覆盖度草地	0.138	（Piao et al.，2005）
	中覆盖度草地	0.046	（Piao et al.，2005）
	低覆盖度草地	0.021	（方精云 等，2007）

续表

土地利用类型		碳汇系数（tC/ha）	来源
水域	河渠	0.671	（孔东升 等，2015）
	湖泊水库	0.303	（孔东升 等，2015）
	滩涂滩地	0.567	（段晓男 等，2008）

注：土地利用类型具体分类标准参考中国科学院地理科学与资源研究所资源环境科学与数据中心的分类（http://www.resdc.cn）。

2.6 本章小结

本章根据《IPCC 国家温室气体清单指南》和国内外最新研究成果，从碳源和碳汇两个方面系统梳理并构建了县域碳排放和碳汇核算清单；基于点源、线源和面源数据，结合自上而下和自下而上的方法，构建县域尺度碳排放核算体系。碳排放核算清单包括能源活动，工业过程和产品使用，农业、林业和其他土地利用以及废弃物等 4 个部分；碳汇核算清单包括林地、草地、水域和耕地等 4 个部分。在碳排放和碳汇核算清单的基础上，本研究系统总结了符合中国实际的碳排放各部分的核算方法和核算系数，创新性地提出从城镇开放空间和乡村生态空间两个维度对县域空间碳汇进行核算，并结合国内外最新权威研究成果，系统梳理总结了 4 个方面 12 种土地利用类型的碳汇系数，为县域碳排放和碳汇核算奠定了方法论基础。

第3章

核算结果

3.1 碳排放总量

3.1.1 长兴县

从总量上看，长兴县2008—2017年碳排放呈现先降后升的特征。2008—2009年碳排放量有小幅增长，从2008年的516.65万吨增长到2009年的529.83万吨，增长了2.56%，其中工业过程碳排放增幅相对较为明显，增幅达8.81%，这主要受水泥和平板玻璃等产品产量的影响；2009—2012年碳排放量显著下降，2012年碳排放量为417.72万吨，较2009年下降了112.11万吨，降幅达21.16%，这主要受工业能源消耗量和水泥、平板玻璃等产品产量的影响；2012—2017年碳排放量逐步增加，其中2016年较上年有小幅下降，碳排放量从2012年的417.72万吨增长到2017年的561.49万吨，5年间增加了143.77万吨，增幅达34.42%，年均增长6.88%。长兴县碳排放的变化主要受工业能源消耗和工业过程碳排放变化的影响。农业生产、废弃物处理、交通能耗和民商能耗产生的碳排放占比较小，对长兴县碳排放量的变化影响较小；但交通能耗碳排放所占比重逐年上升。

分部门来看，工业能耗产生的碳排放是长兴县最大的排放来源。长兴县2008—2017年工业能耗碳排放量的变化趋势与总量的变化趋势基本一致，经历了

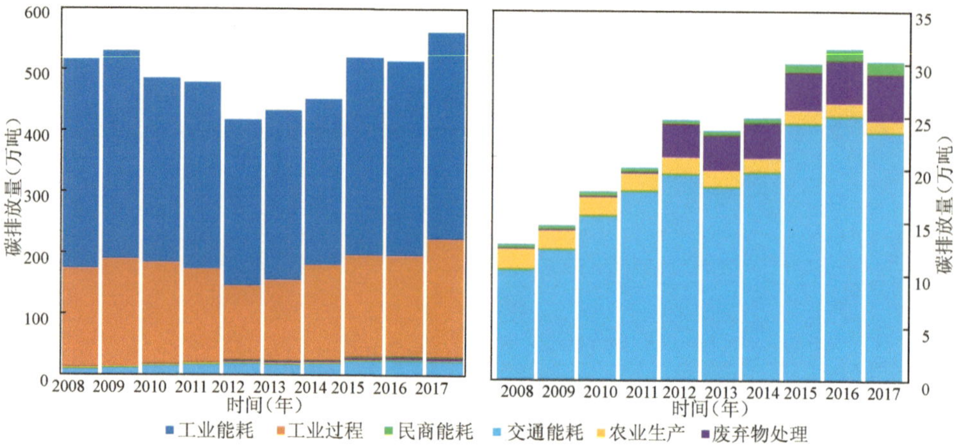

图 3-1　长兴县 2008—2017 年碳排放量及其变化特征

一个先降后升的过程（图 3-1）。2008—2012 年工业能耗碳排放量呈下降趋势，从 2008 年的 341.89 万吨下降到 2012 年的 270.81 万吨，降幅达 20.79%；经过 2 年低位徘徊后，2015 年开始上升， 2017 年工业能耗碳排放量达 337.57 万吨，回增至 2009 年的排放水平，年均增长 8.13%。工业过程产生的碳排放是长兴县仅次于工业能耗碳排放的第二大排放来源。2008—2017 年工业过程碳排放的变化与工业能耗碳排放变化特征相似，大体呈现出先降后升的特征，但是 2008—2009 年的排放特征则相反，出现了小幅增长，由 2008 年的 161.92 万吨增至 2009 年的 176.18 万吨；2009—2012 年工业过程碳排放迅速下降，到 2012 年，工业过程碳排放量降至 122.19 万吨，降幅达 30.64%；2012—2017 年工业过程碳排放逐年上升，到 2017 年，工业过程碳排放量达 193.53 万吨，年均增长 11.68%。民商能耗碳排放、交通能耗碳排放和废弃物处理碳排放呈现出逐年增长的特征。民商能耗碳排放和交通能耗碳排放分别从 2008 年的 0.32 万吨和 10.51 万吨增加至 2017 年的 1.18 万吨和 23.54 万吨，增幅分别为 268.75% 和 123.98%。废弃物处理碳排放包括污水处理碳排放和垃圾焚烧碳排放，污水处理碳排放量不大而且相对稳定，变化幅度较小；垃圾焚烧碳排放从 2012 年的 3.1 万吨增加至 2017 年的 4.28 万吨，增幅为 38.06%。农业生产碳排放量较小，水稻种植和禽畜养殖是主要排放源，2008—2017 年，长兴县农业生产碳排放呈现下降特征，农业生产碳排放量从 2008 年的 1.91 万吨下降至 2017 年的 1.27 万吨。

3.1.2　金堂县

从总量上看，金堂县 2008—2017 年碳排放呈现出先升后降的变化特征（图 3-2）。2008—2011 年碳排放量逐年增长，由 2008 年的 198.38 万吨增长到 2011 年的 269.20 万吨，增长了 35.70%，这主要是受工业能源消耗量大幅增加的影响；2011—2016 年金堂县碳排放量显著下降，到 2016 年碳排放总量降至 107.22 万吨，较 2011 年减少了 161.98 万吨，降幅达 60.17%，年均下降 12.03%；2016—2017 年金堂县碳排放量有小幅增长，2017 年碳排放量为 112.03 万吨，较上年增长了 4.49%。金堂县碳排放的变化主要受工业能源消耗变化的影响。农业生产、工业过程、废弃物处理、交通能耗和民商能耗产生的碳排放量不大，对金堂县碳排放量的变化影响较小。

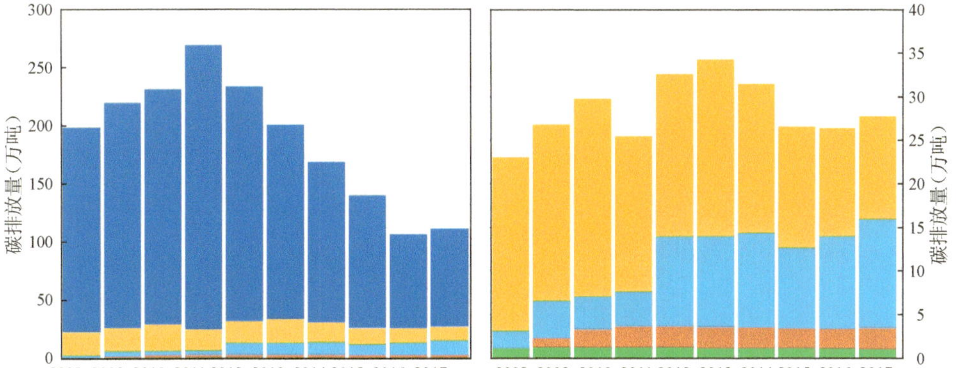

图 3-2　金堂县 2008—2017 年碳排放量及其变化特征

分部门来看，工业能耗产生的碳排放是金堂县最大的排放来源。金堂县2008—2017年工业能耗碳排放量的变化趋势与总量的变化趋势一致，经历了先升后降的过程。2008—2011年工业能耗碳排放量逐年上升，从2008年的175.19万吨增长到2011年的243.65万吨，增幅达39.08%；2011年后工业能耗碳排放量开始下降，2017年工业能耗碳排放量降至84.16万吨，较2011年减少了159.49万吨，年均下降10.91%。交通能耗碳排放是金堂县仅次于工业能耗碳排放的第二大排放来源。2008—2017年，金堂县交通能耗碳排放量呈现出波动下降的特征，从2008年的19.99万吨下降至2017年的11.87万吨，年均降幅约为4.51%。农业生产碳排放量较小，主要来自水稻种植和禽畜养殖，变化幅度不大，总体表现为下降，从2008年的1.25万吨下降到2017年的1.06万吨，年均降幅为1.69%。民商能耗碳排放增速较快，从2008年的1.95万吨增加到2017年的12.50万吨，增长幅度十分明显。金堂县工业过程碳排放主要源于平板玻璃生产，2009—2017年工业过程碳排放量快速上升并趋于平稳，从2009年的1.04万吨迅速增加至2011年的2.41万吨，增幅达131.73%，此后工业过程碳排放量稳定在2.4万吨左右。废弃物处理碳排放主要源于污水处理，碳排放量很小，在200吨左右。

3.1.3 武安市

从总量上看，武安市2008—2017年碳排放呈现出持续上升的变化特征（图3-3）。2008—2009年武安市碳排放量有小幅下降，由2008年的909.16万吨下降到2009年的856.03万吨，下降了5.84%，这主要是受工业能耗减少的影响；2009—2015年，碳排放量逐年上升，2015年碳排放量为1 109.77万吨，较2009年增长了253.74万吨，增幅达29.64%，这主要是受工业能源消耗量和水泥、钢铁等产品产量的影响；2015—2017年，碳排放量迅速上升，到2017年，武安市碳排放量达到1 408.75万吨，年均增长13.47%。武安市碳排放的变化主要受工业能源消耗量和工业过程碳排放变化的影响。

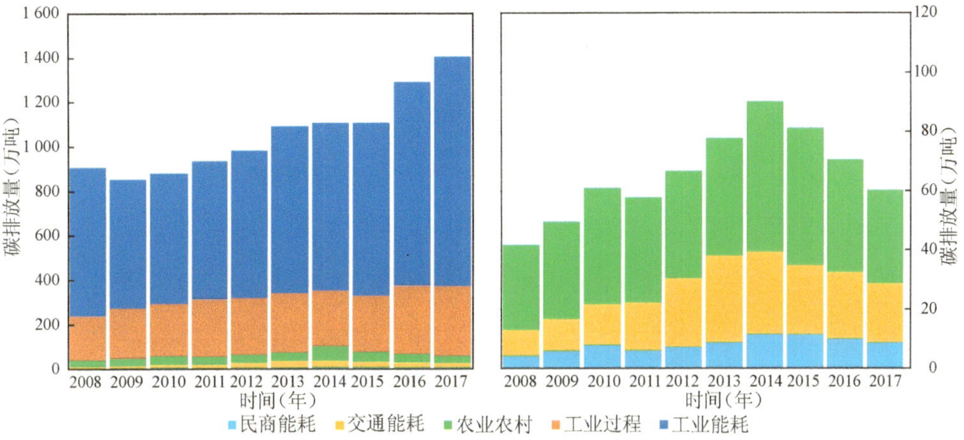

图 3-3　武安市 2008—2017 年碳排放量及其变化特征

分部门来看，工业能耗产生的碳排放是武安市最大的排放来源。2008—2017 年，武安市工业能耗碳排放量的变化趋势与总量的变化趋势一致。在经历 2008—2009 年下降后，武安市工业能耗碳排放量开始逐年上升，从 2009 年的 578.95 万吨增加至 2017 年的 1 032.42 万吨，年均增长 9.79%。工业过程碳排放是武安市仅次于工业能耗碳排放的第二大排放来源，工业过程碳排放主要来自水泥熟料生产、炼焦、炼铁和炼钢。2008—2017 年，武安市工业过程碳排放大体呈缓慢增长态势，从 2008 年的 200.01 万吨增加到 2017 年的 315.98 万吨，年均增幅为 6.44%，其中 2014—2015 年有小幅回落，排放量稳定在 250 万吨左右。农业农村碳排放主要包括农业生产碳排放、农村能耗碳排放以及禽畜养殖碳排放，2008—2017 年经历了一个先升后降的过程。武安市农业农村碳排放从 2008 年的 28.73 万吨增至 2014 年的 51.79 万吨，2014—2017 年逐年下降，到 2017 年，农业农村碳排放量降至 31.51 万吨，降幅较为显著。民商能耗碳排放变化与交通能耗碳排放和农业农村碳排放变化特征相似，经历了一个先升后降的过程。

3.1.4 庆城县

从总量上看，庆城县2008—2017年碳排放量呈现波动下降的变化特征（图3-4）。2008—2013年碳排放量逐年下降，由2008年的143.87万吨下降到2013年的119.07万吨，下降了17.24%；2013—2015年，庆城县碳排放量逐年上升，从2013年的119.07万吨增长到2015年的132.10万吨，较2013年增加了13.03万吨，增幅为10.94%；2015—2017年，庆城县碳排放量出现下降，从2015年的132.10万吨下降到2017年的117.73万吨，减少了14.37万吨，降幅为10.88%。

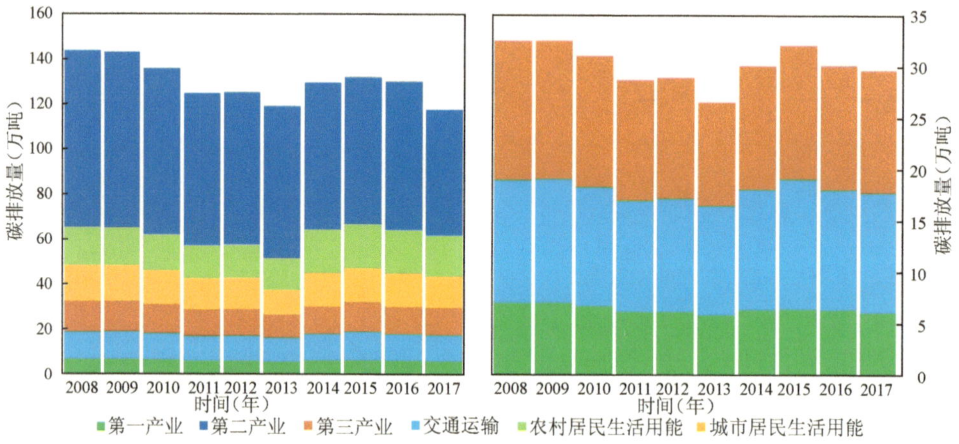

图3-4　庆城县2008—2017年碳排放量及其变化特征

分部门来看，第二产业能耗产生的碳排放是庆城县最大的排放来源，而且呈现出逐年下降的特征。庆城县第二产业能耗产生的碳排放从2008年的78.47万吨下降至2017年的55.67万吨，减少了22.8万吨，降幅达29.06%。农村居民生活用能碳排放是庆城县仅次于第二产业的第二大碳排放源。庆城县农村居民生活用能碳排放从2008年的16.87万吨下降至2013年的13.95万吨，降幅达17.31%；2015年增至19.71万吨，2015—2017年出现小幅下降，2017年为18.29万吨。城市居民生活用能碳排放是庆城县的第三大碳排放源，其2008—

2017 年的变化趋势与农村居民生活用能碳排放相似，从 2008 年的 16.00 万吨下降至 2013 年的 11.09 万吨，降幅达 30.68%；2015 年增至 15.04 万吨，2015—2017 年出现小幅下降，2017 年为 14.08 万吨。庆城县交通运输碳排放变化幅度不大，基本稳定在 11 万吨左右。2008—2017 年庆城县第一产业和第三产业能源消耗碳排放量呈现出波动下降的特征，分别从 2008 年的 13.52 万吨和 7.06 万吨下降至 2017 年的 11.95 万吨和 6.13 万吨。

3.2 碳排放结构

3.2.1 长兴县

工业碳排放是长兴县碳排放的最大来源。长兴县工业能耗和工业过程碳排放量占碳排放总量的93%以上，近十年工业碳排放的比重平均为95.27%（图3-5）。2008—2017年，长兴县工业碳排放比重经历了一个波动下降的过程，比重由2008年的97.51%降至2017年的94.59%。工业能耗碳排放占长兴县碳排放总量的60%以上，2008—2017年的工业能耗碳排放比重均值为62.85%，呈现出波动下降的特征，比重由2008年的66.17%降至2010年的61.94%，2012年比重回升至64.83%，到2014年又下降至60.00%，2015年回升至62.09%，2017年又降至60.12%。工业过程碳排放是仅次于工业能耗碳排放的第二大碳排放源，工业过程碳排放占碳排放总量的29%以上，2008—2017年工业过程碳排放的比重平均为32.41%，呈波动趋势，比重由2008年31.34%上升至2010年的34.38%，2012年下降至29.25%，在2014年回升至34.49%，随后又呈下降趋势，到2016年比重为32.06%，2017年又回升至34.47%。2008—2017年交通能耗碳排放占长兴县碳排放总量的比重约为3.83%，呈波动上升趋势，由2008年的2.03%上升至2012年的4.68%，2013年下降至4.23%，2013—2016年持续回升，由2013年的4.23%回升至2016年的4.87%，到2017年下降至4.19%。农业生产、民商能耗及废弃物处理碳排放比重较小，其中农业生产碳排放占长兴县碳排放总量的比重在0.4%以下，2008—2017年呈现波动下降趋势；民商能耗碳排放比重在0.21%以下，2008—2017年呈现显著上升趋势；废弃物处理碳排放比重在0.8%以下，2008—2017年呈现波动上升趋势。

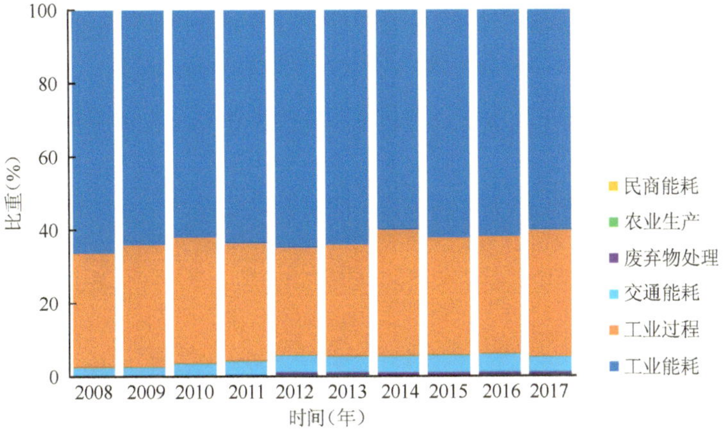

图 3-5　长兴县 2008—2017 年碳排放结构及其变化特征

从能源类型和工业行业看，长兴县工业消耗的主要能源是一般烟煤，2017 年长兴县规模以上工业企业消耗一般烟煤 631.43 万吨，碳排放量为 300.86 万吨，占工业能耗碳排放的比重为 88.01%。石油焦是仅次于一般烟煤的第二大能源消费类型，2017 年规模以上工业企业用于燃料的石油焦消耗量为 16.5 万吨，碳排放量为 14.23 万吨，占比为 4.16%。天然气是长兴县第三大能源消费类型，2017 年长兴县规模以上工业企业消耗天然气 20 861 万立方米，碳排放量为 12.30 万吨，占比为 3.6%。生物燃料和城市生活垃圾贡献的碳排放量也较高，2017 年规模以上工业企业的生物燃料和城市生活垃圾消耗量分别为 10.69 万吨标煤和 24.21 万吨，碳排放量分别为 8.57 万吨和 4.28 万吨，占比分别为 2.51% 和 1.25%。柴油、液化天然气和焦炭等其他能源消耗量相对较少，贡献了 1.61 万吨碳排放量。

长兴县的产业结构决定了其工业能源消费结构特征，也决定了各行业对碳排放的贡献度（图 3-6）。电力、热力生产和供应业是长兴县能源消费碳排放量最大的行业，非金属矿物制品业次之。2017 年，前者的碳排放量占工业能耗碳排放总量的比重为 70.73%，后者占 25.07%。化学纤维制造业和纺织业碳排放量占工业能耗碳排放总量的比重分别为 1.42% 和 1.18%；其他行业碳排放占比均在 0.6% 以下。作为长兴县碳排放量最大的行业，电力、热力生产和供应业消耗烟煤 471.21

万吨，燃烧城市生活垃圾 24.21 万吨，燃烧天然气 8 636 万立方米，累计产生碳排放 241.81 万吨。非金属矿物制品业消耗的能源主要为一般烟煤、石油焦和天然气，化学纤维制造业消耗的能源主要是一般烟煤，纺织业消耗的主要是天然气。

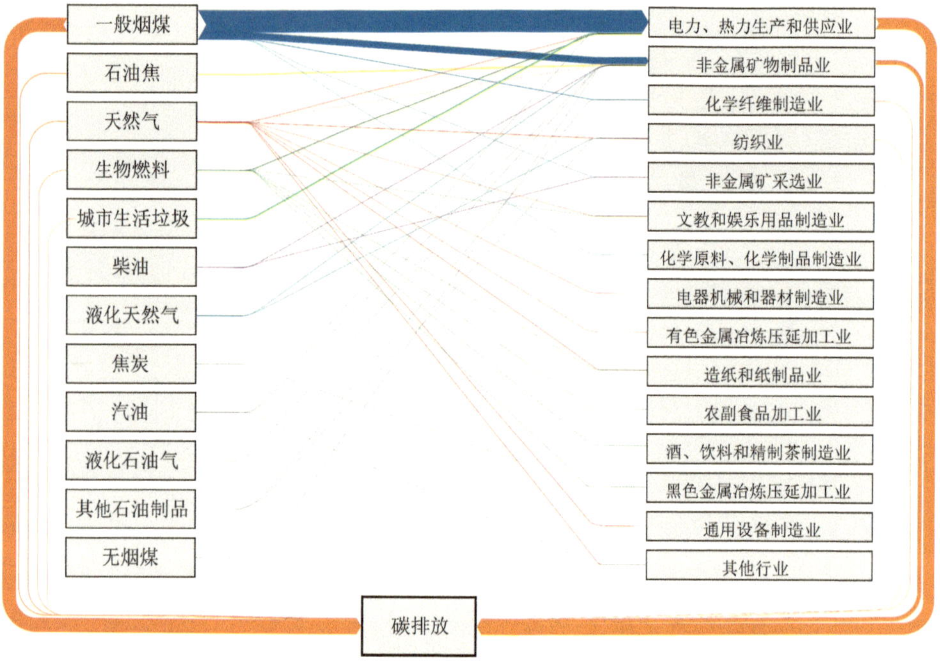

图 3-6　长兴县 2017 年工业分行业和能源类型的碳排放结构

3.2.2　金堂县

工业碳排放是金堂县碳排放的最大来源。金堂县是以节能环保装备制造业、通用航空产业和新能源汽车产业为主的工业县，2008—2017 年工业能耗和工业过程碳排放量占金堂县碳排放总量的比重平均值为 84.72%（图 3-7）。2008—2017 年，金堂县工业碳排放比重经历了一个先升后降的过程，占比从 2008 年的 88.31% 上升至 2011 年的 91.41%，2017 年下降至 77.28%。2008—2017 年工业能耗碳排放占金堂县碳排放总量比重的平均值为 83.54%，比重由 2008 年的 88.31% 上升到 2011 年的 90.51%，到 2017 年，金堂县工业能耗碳排放比重下降至 75.13%。交通能耗碳排放是仅次于工业能耗碳排放的第二大碳排放源，2008—2017 年交通能耗碳排放占金堂县碳排放总量比重的均值为 9.61%，比重由 2008 年的 10.07% 降至 2011 年的 6.63%，随后开始上升，到 2017 年上升至 10.60%。2008—2017 年民商能耗碳排放占金堂县碳排放总量的比重为 4.97%，2008—2017 年金堂县民商能耗碳排放比重呈现出逐年上升的特征，由 2008 年的 0.98% 增至 2017 年的 11.16%。金堂县工业过程碳排放占碳排放总量的比重不大，约为 2.20%，排放量逐年上升并趋于平稳。农业生产碳排放占比较小，占金堂县碳排放总量的比重约为 0.69%，2008—2017 年呈现出波动上升的特征，从 2008 年的 0.63% 降至 2011 年的 0.47%，到 2017 年增加至 0.95%。废弃物处理碳排放占比很小，均在 0.02% 以下，呈现出逐年增长的态势。

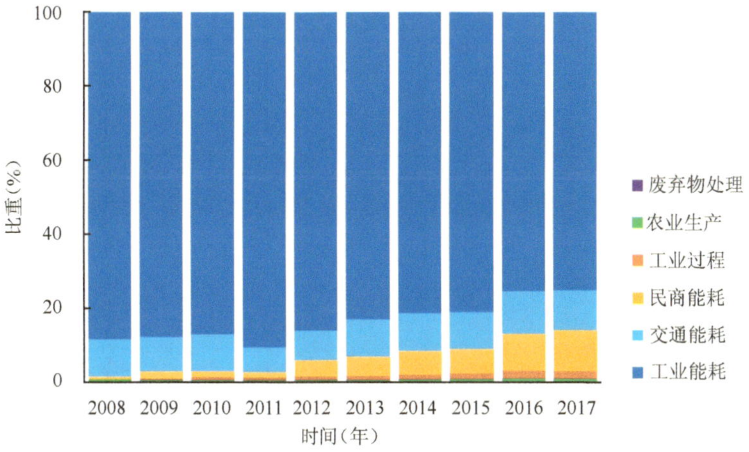

图 3-7　金堂县 2008—2017 年碳排放结构及其变化特征

从能源类型和工业行业看，金堂县工业消耗的主要能源是一般烟煤，2017 年金堂县规模以上工业企业消耗一般烟煤 161.10 万吨，碳排放量为 76.76 万吨，占工业能耗碳排放的比重为 91.14%。天然气是仅次于一般烟煤的第二大能源消费类型，2017 年规模以上工业企业的天然气消耗量为 8.96 万吨标准煤，碳排放量为 7.18

万吨，占比为 8.53%。燃油是金堂县第三大能源消费类型，2017 年金堂县规模以上工业企业消耗燃油 1 840 吨，折合碳排放量为 1 529 吨，占比 0.18%。柴油消费量也较高，2017 年规模以上工业企业用于燃料的消耗量为 1 284 吨，碳排放量为 1 101 吨，占比 0.13%。汽油消耗量相对较少，贡献了 154 吨碳排放。

金堂县的产业结构决定了其工业能源消费结构特征，也决定了各行业对碳排放的贡献度（图 3-8）。电力、热力生产和供应业是金堂县能源消费碳排放量最大的行业，非金属矿物制品业次之。2017 年，前者的碳排放量占工业能耗碳排放总量的比重为 88.99%，后者占 7.16%。纺织业碳排放量占工业能耗碳排放总量的比重为 2.48%；其他行业碳排放占比均在 0.3% 以下。电力、热力生产和供应业的能源主要为一般烟煤和柴油；非金属矿物制品业消耗的能源主要为天然气、燃油和柴油；纺织业消耗的能源主要是一般烟煤和天然气。

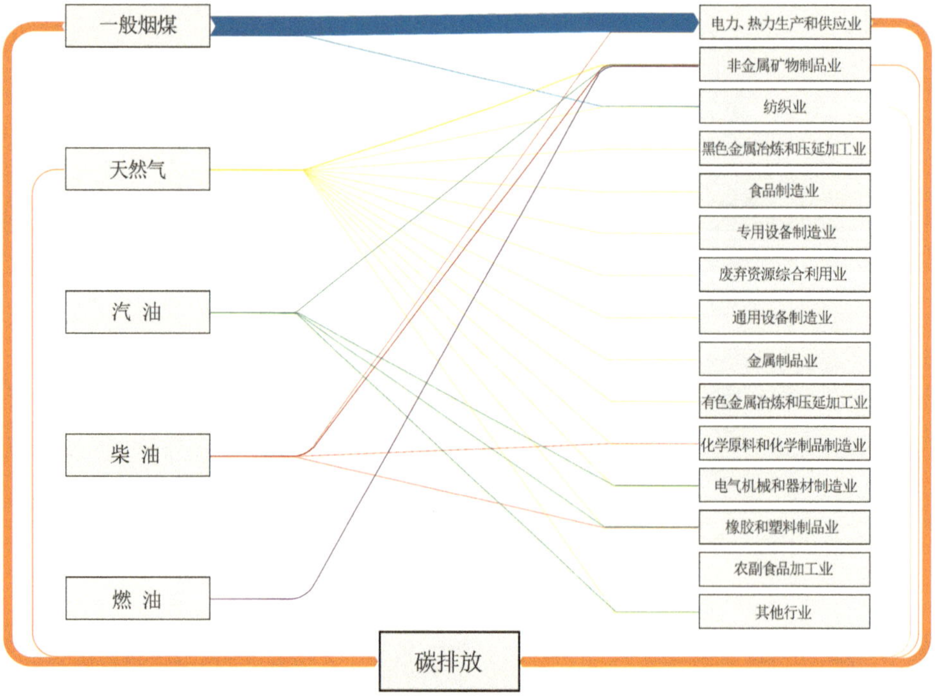

图 3-8 金堂县 2017 年工业分行业和能源类型的碳排放结构

3.2.3 武安市

工业碳排放是武安市碳排放的最大来源。武安市作为典型的钢铁工业县级市，工业能耗和工业过程碳排放量占碳排放总量的 90% 以上，最近十年工业碳排放的比重平均为 93.60%（图 3-9）。2008—2017 年，武安市工业碳排放占比经历了一个先降后升的过程，由 2008 年的 95.39% 降至 2014 年的 90.45%，2017 年回升至 95.72%。工业能耗产生的碳排放占武安市碳排放总量的 66% 以上，2008—2017 年工业能耗碳排放比重均值为 69.12%，比重由 2008 年的 73.39% 降至 2011 年的 66.16%，2017 年回增至 73.29%。工业过程碳排放是仅次于工业能耗碳排放的第二大碳排放源，工业过程碳排放占碳排放总量的 22% 以上，2008—2017 年工业过程碳排放的比重平均为 24.48%，比重由 2008 年的 22.00% 增至 2011 年的 27.66%，随后开始下降，到 2017 年降至 22.43%。农业农村碳排放占武安市碳排放总量的比重约为 3%，2008—2017 年农业农村碳排放比重的平均值为 3.79%，2008—2014 年武安市农业农村碳排放比重呈现波动上升的特征，由 2008 年的 3.16% 增至 2014 年的 4.73%，随后开始逐年下降，到 2017 年比重降至 2.24%。交通能耗和民商能耗碳排放占比较小，前者占武安市碳排放总量的比重在 3% 以下，后者比重在 1% 左右，2008—2007 年呈现先增后降的变化特征。

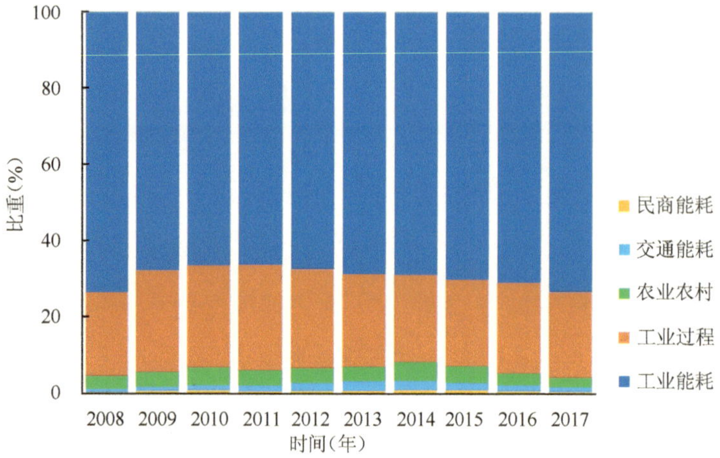

图 3-9 武安市 2008—2017 年碳排放结构及其变化特征

从能源类型和工业行业看，武安市工业消耗的主要能源是焦炭，2017 年武安市规模以上工业企业消耗焦炭 882.49 万吨，碳排放量为 686.93 万吨，占工业能耗碳排放的比重为 66.63%。煤矸石是仅次于焦炭的第二大能源消费类型，2017 年规模以上工业企业用于燃料的煤矸石消耗量为 299.44 万吨，碳排放量为 127.68 万吨，占比为 12.38%。净外购电力是武安市第三大能源消费类型，2017 年武安市规模以上工业企业消耗净外购电力 47.15 亿千瓦时，折合碳排放量 91.68 万吨，占比 8.89%。其他洗煤和原煤消费量也较高，2017 年规模以上工业企业将其用于燃料的消耗量分别为 327.90 万吨和 116.45 万吨，碳排放量分别为 62.69 万吨和 60.24 万吨，占比分别为 6.08% 和 5.84%。柴油、汽油和生物燃料消耗量相对较少，贡献了 1.47 万吨碳排放量。

武安市的产业结构决定了其工业能源消费结构特征，也决定了各行业对碳排放的贡献度（图 3-10）。黑色金属冶炼及压延加工业是武安市能源消耗碳排放量最大的行业，金属制品业与煤炭开采和洗选业次之。2017 年，前者的碳排放量占工业能耗碳排放总量的比重为 58.63%，后者分别占 23.32% 和 10.50%。电力、热力生产和供应业碳排放量占工业能耗碳排放总量的比重为 5.45%，黑色金属矿采选业碳排放占比为 1.73%，其他行业碳排放占比均在 0.3% 以下。黑色金属冶炼及压延加工业和金属制品业消耗的能源主要为焦炭、其他洗煤和电力；煤炭开采和洗选业、非金属矿物制品业消耗的能源主要是煤矸石、原煤；黑色金属矿采选业消耗的能源主要是电力；电力、热力生产和供应业消耗的能源主要是煤矸石。

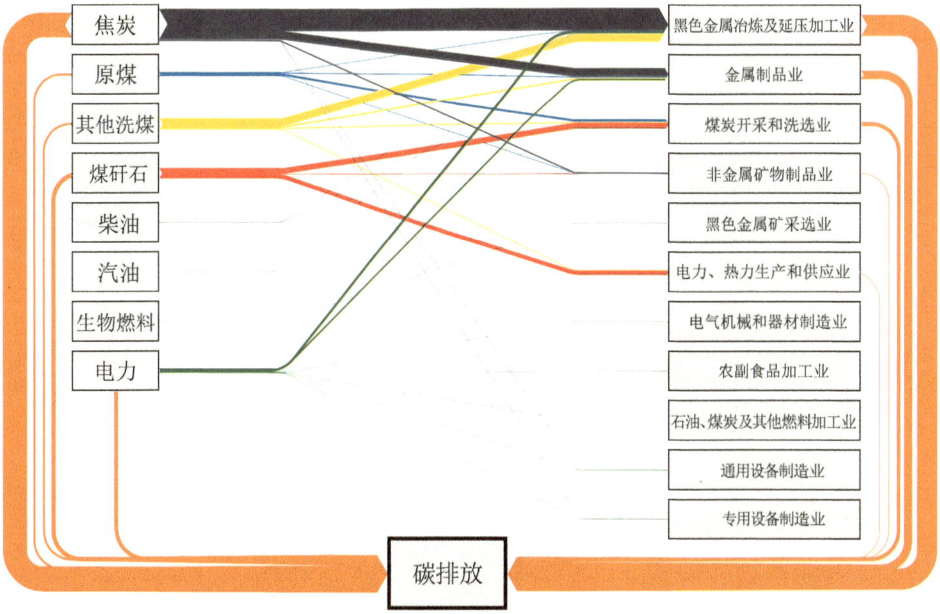

图 3-10　武安市 2017 年分行业和能源类型的碳排放结构

3.2.4　庆城县

第二产业碳排放是庆城县碳排放的最大来源（图 3-11）。2008—2017 年，庆城县第二产业碳排放占比经历了一个波动下降的过程，占比由 2008 年的 54.54% 降至 2012 年的 54.03%，2013 年回增至最高值 56.68%，之后逐渐下降。最近十年第二产业碳排放的比重平均为 52.55%。生活用能碳排放是仅次于第二产业碳排放的第二大碳排放源，占庆城县碳排放总量的 21% 以上，2008—2017 年生活用能碳排放比重均值为 24.42%，比重由 2008 年的 23.01% 增至 2017 年的 27.76%。第三产业碳排放占庆城县碳排放总量的比重约为 9%，2008—2017 年第三产业碳排放占比呈先降后增的变化特征，由 2008 年的 9.40% 降至 2013 年的 8.44%，2017 年回升至 10.15%。2008—2017 年交通运输碳排放比重的平均值为 8.90%，呈现缓慢上升的趋势，由 2008 年的 8.31% 增至 2017 年的 9.87%。第一产业碳排放占比较小，占庆城县碳排放总量的比重在 5% 以下。

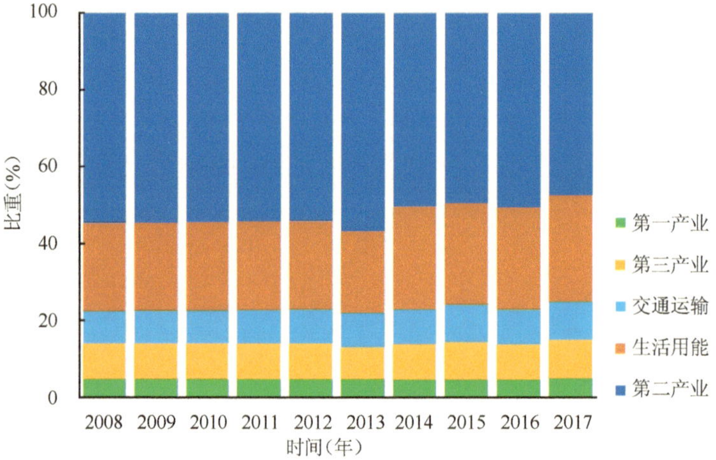

图 3-11　庆城县 2008—2017 年碳排放结构及其变化特征

3.3 碳排放强度

3.3.1 单位 GDP 碳排放强度

长兴县、金堂县、庆城县和武安市 2008 年单位 GDP 碳排放强度相差不大，4 个县（市）的单位 GDP 碳排放强度均值为 2.17 吨 / 万元。长兴县最高，为 2.31 吨 / 万元；武安市次之，为 2.29 吨 / 万元；庆城县较低，为 2.09 吨 / 万元；金堂县最低，为 1.98 吨 / 万元。2008—2017 年，4 个县（市）的单位 GDP 碳排放强度呈现不同的变化特征（图 3-12）。2008—2017 年长兴县单位 GDP 碳排放强度呈现波动下降的特征，2008—2012 年降幅较为明显，2012—2017 年降幅减缓，2017 年降至 1.01 吨 / 万元。2008—2017 年金堂县单位 GDP 碳排放强度呈现持续下降的特征，2008—2013 年降幅较为明显，到 2017 年降至 0.30 吨 / 万元。2008—2017 年庆城县单位 GDP 碳排放强度呈现先降后升的特征，2008—2014 年呈波动下降，2011 年有所反弹，2014 年降至 1.26 吨 / 万元，之后逐年增加，2017 年增至 2.02 吨 / 万元，与 2008 年基本持平。2008—2017 年武安市单位 GDP 碳排放强度呈现先降后升的特征，2008—2012 年逐年下降，2012 年降至 1.70 吨 / 万元，2012—2017 年波动上升，2017 年增至 2.20 吨 / 万元，逼近 2008 年的水平。

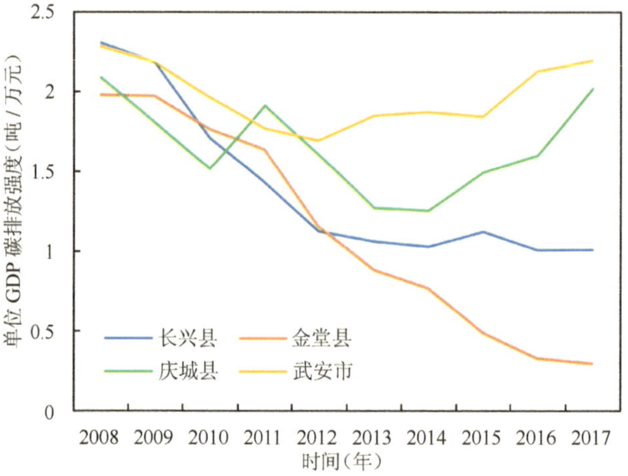

图 3-12　四县（市）2008—2017 年单位 GDP 碳排放强度变化特征

3.3.2　工业碳排放强度

四县（市）2008—2017 年工业碳排放强度变化特征见图 3-13。2008—2017 年长兴县工业碳排放强度呈现波动下降的变化特征，由 2008 年的 4.32 吨 / 万元降低到 2017 年的 2.25 吨 / 万元，降低了 47.92%，2008—2012 年下降显著，2013—2017 年趋于稳定。2008—2017 年金堂县工业碳排放强度经历了先升高后降低的过程，整体降幅较大，由 2008 年的 7.25 吨 / 万元增加到 2009 年的 7.57 吨 / 万元，2017 年降至 0.73 吨 / 万元。2008—2017 年武安市工业碳排放强度基本保持稳定且呈现上升趋势，由 2008 年的 3.28 吨 / 万元增长至 2017 年的 3.50 吨 / 万元，年均增幅达到 0.75%。2008—2017 年庆城县工业碳排放强度基本保持稳定且呈现上升趋势，由 2008 年的 1.37 吨 / 万元增长至 2017 年的 1.87 吨 / 万元。

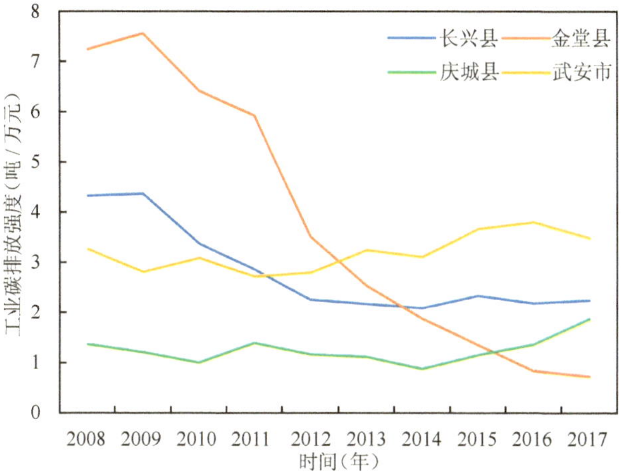

图 3-13　四县（市）2008—2017 年工业碳排放强度变化特征

3.3.3　农业碳排放强度

总体上，4 个县（市）的农业碳排放强度中庆城县最高，武安市和长兴县次之，金堂县最低，这主要由经济发展程度和农业技术水平所致（图 3-14）。2008—2017 年长兴县农业碳排放强度呈现下降趋势，由 2008 年的 0.16 吨 / 万元降低到 2017 年的 0.08 吨 / 万元，降低了 50%，年均降幅 5.56%。2008—2017 年金堂县农业碳排放强度呈现波动下降的变化特征，由 2008 年的 0.065 吨 / 万元降低到 2017 年的 0.047 吨 / 万元。2008—2017 年武安市农业碳排放强度受农业生产的影响，变化幅度较大，整体呈现下降趋势。武安市农业碳排放强度由 2008 年的 0.13 吨 / 万元下降至 2009 年的 0.10 吨 / 万元，2010 年增长至 0.17 吨 / 万元，2011 年回落至 0.07 吨 / 万元，2013 年回升至 0.13 吨 / 万元，随后迅速下降，2017 年降至 2011 年水平，为 0.07 吨 / 万元。2008—2017 年庆城县农业碳排放强度经历了先降低后升高的过程，由 2008 年的 0.20 吨 / 万元降至 2016 年的 0.12 吨 / 万元，2017 年回增至 0.13 吨 / 万元。

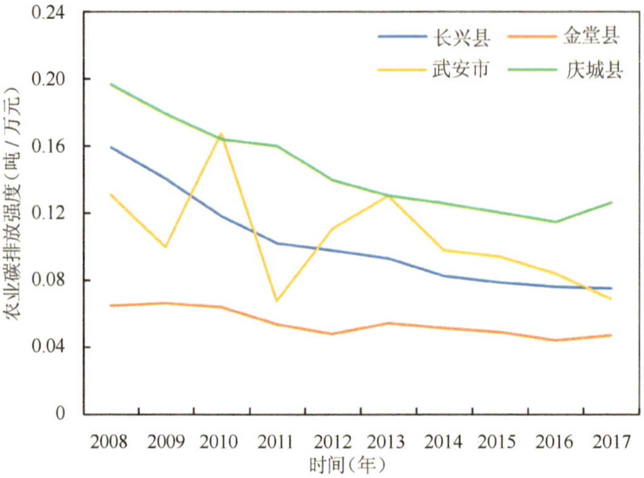

图 3-14　四县（市）2008—2017 年农业碳排放强度变化特征

3.3.4　碳排放空间强度

4 个县（市）的碳排放空间强度层次鲜明（图 3-15），武安市碳排放空间强度最高，而且呈逐年增长态势，从 2008 年的 50.34 吨 / 公顷增至 2017 年的 78 吨 / 公顷。长兴县碳排放空间强度次之，2008—2017 年呈现先降后升的特征，从 2008 年的 36.13 吨 / 公顷降至 2012 年的 29.21 吨 / 公顷，2017 年增至 39.27 吨 / 公顷。金堂县碳排放空间强度居第三，2008—2017 年呈现先升后降的特征，从 2008 年的 17.16 吨 / 公顷增至 2011 年的 23.29 吨 / 公顷，2017 年降至 9.72 吨 / 公顷。庆城县碳排放空间强度最低，而且变化不大，基本稳定在 4.83 吨 / 公顷左右，最大为 2008 年的 5.34 吨 / 公顷，最低为 2017 年的 4.37 吨 / 公顷，呈波动下降特征。

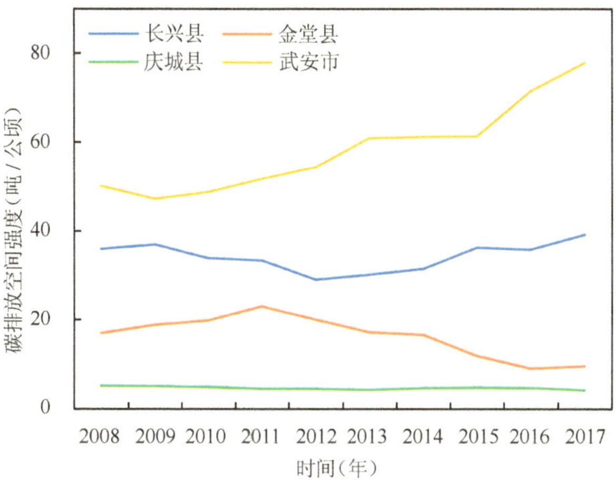

图 3-15　四县（市）2008—2017 年碳排放空间强度变化特征

3.3.5　人均碳排放强度

4 个县（市）的人均碳排放强度层次鲜明（图 3-16），武安市人均碳排放强度最高，而且呈先降后增态势，从 2008 年的 12.03 吨 / 人降至 2009 年的 11.06 吨 / 人，随后逐年增加，到 2017 年增至 16.80 吨 / 人。长兴县人均碳排放强度次之，2008—2017 年呈现先降后升的特征，从 2008 年的 8.36 吨 / 人降至 2012 年的 6.67 吨 / 人，2017 年增至 8.85 吨 / 人。庆城县人均碳排放强度居第三，2008—2017 年呈现波动下降的特征，从 2008 年的 4.84 吨 / 人降至 2017 年的 4.03 吨 / 人。金堂县人均碳排放强度最低，2008—2017 年呈现先升后降的特征，从 2008 年的 2.26 吨 / 人增至 2011 年的 3.03 吨 / 人，2017 年降至 1.24 吨 / 人。

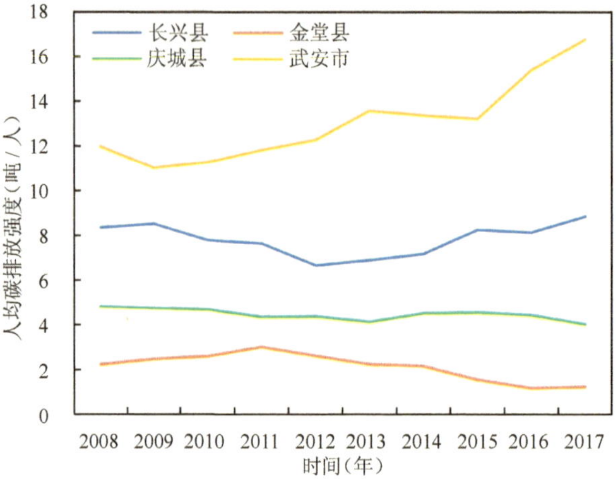

图 3-16 四县（市）2008—2017 年人均碳排放强度变化特征

3.4 碳汇核算结果

3.4.1 长兴县

在整个研究期内，长兴县碳汇总量总体呈现下降趋势（图 3-17）。2008—2017 年，长兴县碳汇总量从 57 796.32 tC 减少到 51 905.12 tC，下降了 10.19%。其中，2008—2012 年减少了 318.70 tC，年均下降 0.14%；2012—2017 年减少了 5 572.50 tC，年均下降 1.94%。有林地是长兴县的主要碳汇，2017 年有林地碳汇占碳汇总量的 69.35%；其次是水田和疏林地，分别占碳汇总量的 18.77% 和 6.83%。

土地利用的变化引起了碳汇总量的变化。从内部结构来看，各种土地利用类型的碳汇量有增有减，2008—2017 年总体表现为碳汇总量净减少，其中有林地的碳汇量减少最多，减少了 5 868.82 tC；其次为疏林地和旱地，分别减少了 204.30 tC 和 78.17 tC。碳汇减少的主要原因是，随着社会经济发展与城市扩张，土地利用类型发生转变，有林地、疏林地不断减少，旱地转换为建设用地，土地的碳汇能力降低。由于耕地保护政策和生态建设工程的实施，水田、湖泊、水库、中覆盖度草地和灌木林碳汇总量呈增加趋势，分别增加了 171.63 tC、166.89 tC、20.43 tC、1.39 tC 和 1.32 tC。

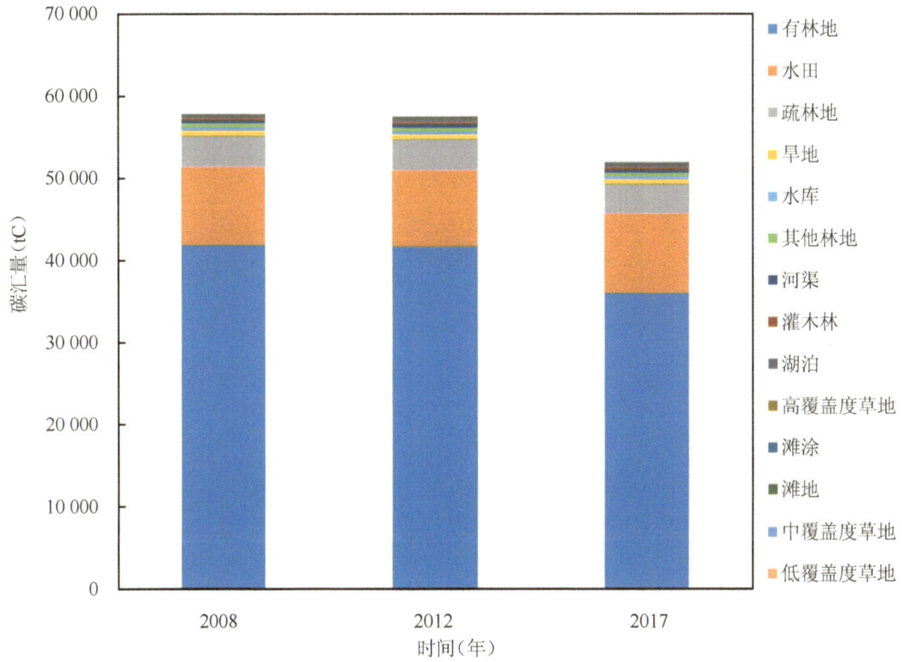

图 3-17　长兴县域碳汇变化特征

在整个研究期内，长兴县城镇碳汇总体呈递减趋势（图 3-18），城镇碳汇总量从 2008 年的 902.31 tC 减少到 2017 年的 606.03 tC，以年均 4.33% 的速率减少，年均减少量为 32.92 tC。水田和有林地是长兴县城镇碳汇的主要类型，水田在 2008—2017 年下降最快，水田碳汇量从 2008 年的 411.16 tC 减少到 2017 年的 203.89 tC，减少了 207.27 tC。由于水田碳汇下降较快，有林地碳汇在 2012—2017 年成为长兴县城镇第一碳汇来源。

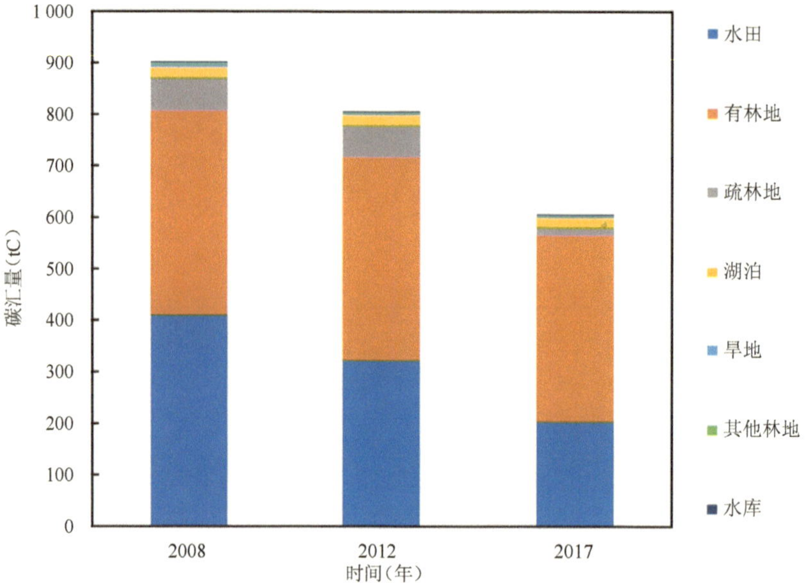

图 3-18　长兴县城镇碳汇变化特征

3.4.2 金堂县

在整个研究期内，金堂县碳汇基本保持稳定且呈现下降趋势（图 3-19），碳汇总量从 2008 年的 18 387.19 tC 下降到 2017 年的 17 935.14 tC，年均减少 50.23 tC，其中 2008—2012 年年均减少了 7.43 tC，2012—2017 年年均减少了 84.47 tC。水田和旱地是金堂县主要的碳汇，2017 年水田和旱地碳汇分别占碳汇总量的 40.28% 和 30.76%。

从内部结构来看，各种土地利用类型的碳汇量有增有减，2008—2017 年总体表现为碳汇总量净减少，其中水田的碳汇量减少得最多，减少了 447.13 tC；其次为河渠和疏林地，分别减少了 13.10 tC 和 9.16 tC。碳汇减少的主要原因是，随着县域经济的发展，建设用地不断扩张，水田转变为城镇、农村和工矿交通等各类建设用地，土地的碳汇能力降低。随着生态保护政策的实施，金堂县其他林地、有林地、灌木林地和高覆盖度草地的碳汇呈增加态势，分别增加了 15.23 tC、10.49 tC、3.81 tC 和 3.14 tC。

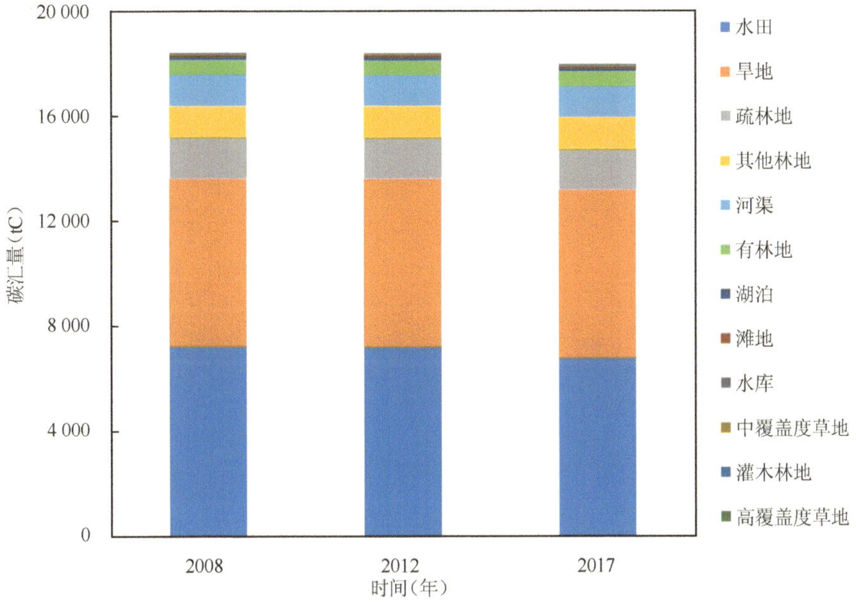

图 3-19　金堂县域碳汇变化特征

在整个研究期内，金堂县城镇碳汇呈递减趋势（图 3-20），2008—2017 年年均减少 3.89%，其中 2008—2012 年年均减少 0.44%，2012—2017 年年均减少 6.56%。在研究初期，水田是金堂县城镇碳汇的第一来源，随着时间变化，水田碳汇减少，到 2017 年河渠成为金堂县碳汇的第一来源，旱地、疏林地、其他林地、滩地和中覆盖度草地的碳汇量较低。

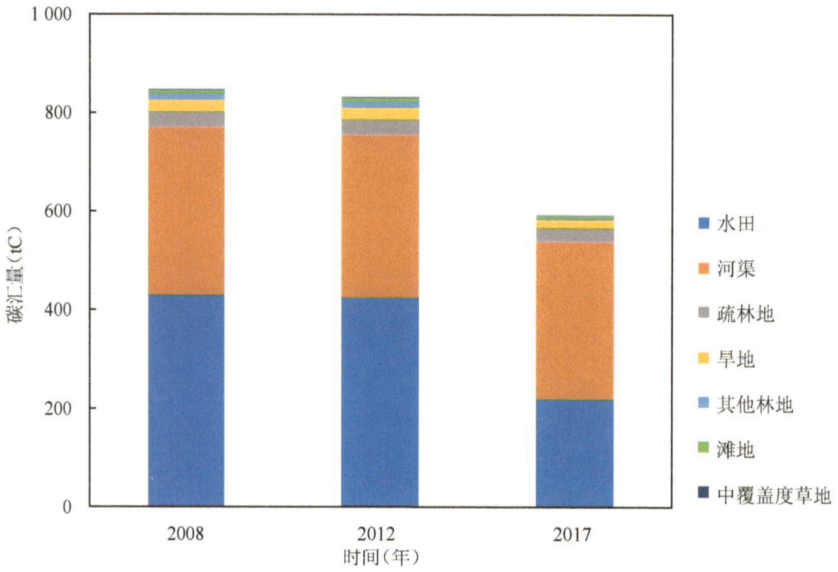

图 3-20　金堂县城镇碳汇变化特征

3.4.3　武安市

在整个研究期内，武安市碳汇基本保持稳定且呈现下降趋势（图 3-21），碳汇总量从 2008 年的 34 615.92 tC 下降到 2017 年的 34 488.3 tC，年均减少 14.18 tC。其中 2008—2012 年年均减少 10.61 tC，2012—2017 年年均减少 17.03 tC。有林地和旱地是武安市最主要的碳汇，2017 年有林地和旱地碳汇分别占碳汇总量的 32.76% 和 32.61%；其次为高覆盖度草地、滩地和疏林地，分别占 22.82%、6.73% 和 4.49%。

从内部结构来看，各种土地利用类型的碳汇量有增有减，2008—2017 年总体表现为碳汇总量净减少，其中旱地的碳汇量减少最多，减少了 239.59 tC；其次为疏林地和高覆盖度草地，分别减少了 36.60 tC 和 18.97 tC。碳汇减少的主要原因是，随着社会经济的发展、建成区的扩张，旱地转变为城镇、农村和工矿交通等各类建设用地，土地的碳汇能力降低。随着退耕还林等生态保护政策的实施，武安市滩地、水库、有林地、河渠面积扩张，碳汇呈增加态势，分别增加了 71.08 tC、44.72 tC、27.33 tC 和 23.61 tC。

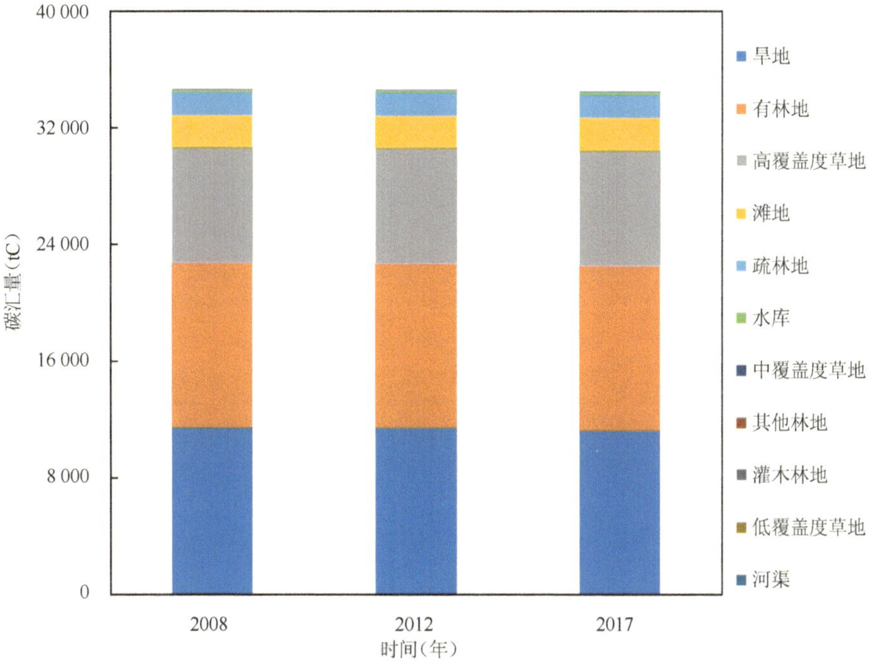

图 3-21　武安市碳汇变化特征

在整个研究期内，武安市城镇碳汇总量保持在 503~428 tC 之间，呈递减趋势（图 3-22），2008—2017 年减少 74.99 tC，年均下降率为 1.78%。旱地是武安市城镇最主要的碳汇类型，2008—2017 年年均减少 38.29 tC，年均下降率为 1.18%；其次，滩地和疏林地也是武安市重要的城镇碳汇类型（水库在城镇碳汇中比重较小，属于次要的城镇碳汇类型）。

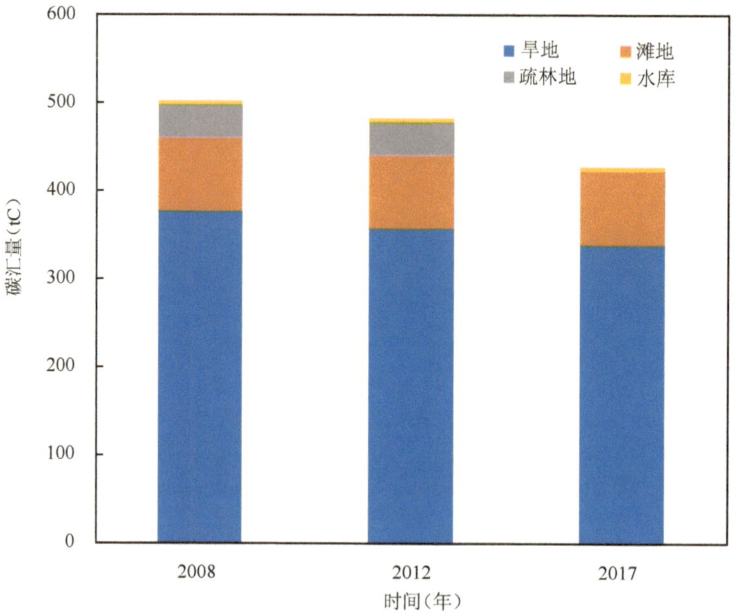

图 3-22　武安市城镇碳汇变化特征

3.4.4 庆城县

在整个研究期内，庆城县碳汇基本保持稳定且呈现下降趋势（图 3-23），碳汇总量从 2008 年的 29 480.87 tC 下降到 2017 年的 29 117.60 tC，年均减少 40.36 tC，其中 2008—2012 年年均减少 41.57 tC，2012—2017 年年均减少 39.40 tC。旱地是庆城县最主要的碳汇，2017 年旱地碳汇占碳汇总量的 53.62%；其次为中覆盖度草地和灌木林，分别占 18.63% 和 11.93%。

从内部结构来看，各种土地利用类型的碳汇量有增有减，2008—2017 年总体表现为碳汇总量净减少，其中旱地的碳汇量减少最多，减少了 502.68 tC；其次为疏林地、灌木林和其他林地，分别减少了 20.18 tC、10.12 tC 和 7.48 tC。碳汇减少的主要原因是旱地转变为城镇、农村和工矿交通等各类建设用地，土地的碳汇能力降低。随着退耕还林、水土保持、封山禁牧等生态保护政策的实施，庆城县高、中、低覆盖度草地和有林地的碳汇呈增加态势，分别增加了 135.95 tC、16.53 tC、3.63 tC 和 14.49 tC。

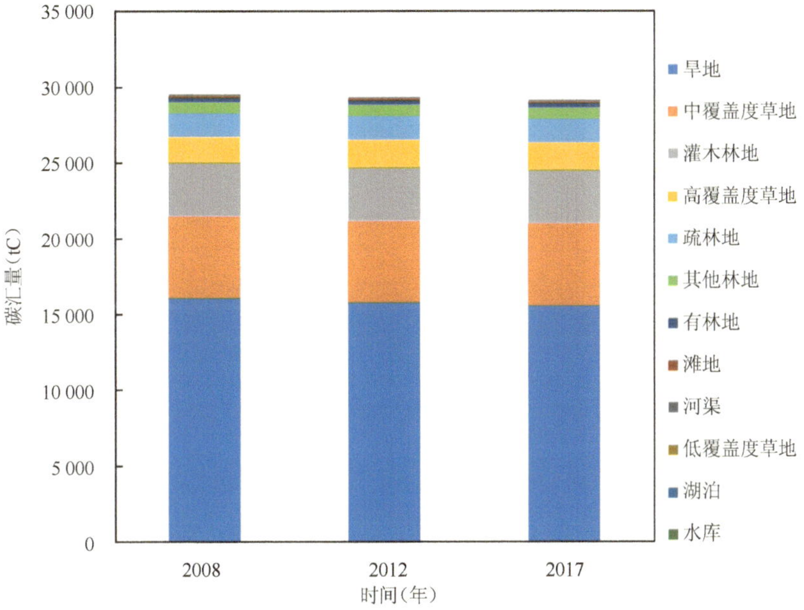

图 3-23　庆城县域碳汇变化特征

在整个研究期内，庆城县城镇碳汇呈递减趋势（图 3-24），从 2008 年的 296.65 tC 减少到 2017 年的 210.30 tC，年均减少 9.59 tC。耕地是庆城县城镇最主要的碳汇类型；其次为灌木林地、疏林地和中覆盖度草地。耕地、灌木林地和其他林地在 2008—2017 年呈持续减少态势，分别减少了 68.74 tC、4.16 tC 和 10.64 tC。

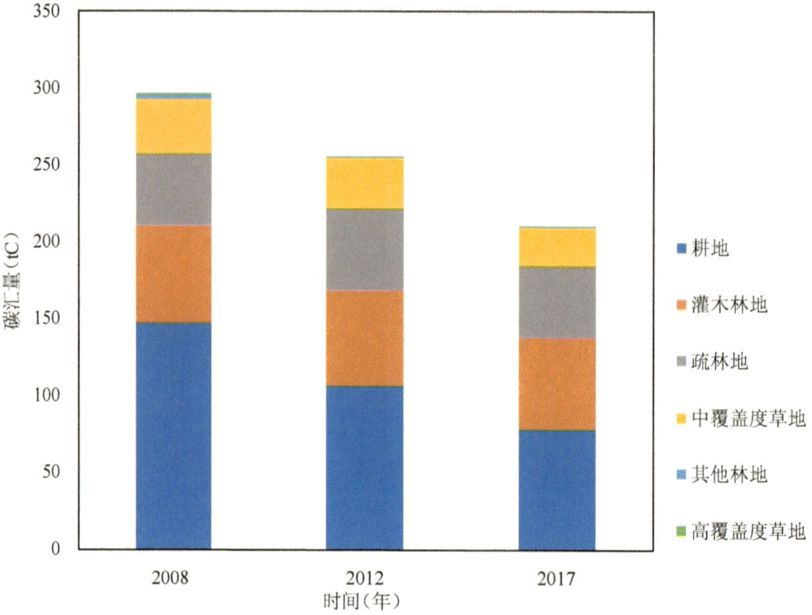

图 3-24　庆城县城镇碳汇变化特征

3.5 本章小结

本章基于县域碳排放核算清单和核算方法体系，系统全面地核算了浙江省长兴县、四川省金堂县、河北省武安市和甘肃省庆城县 2008—2017 年的碳排放量；基于碳汇核算清单，通过解译中高分辨率遥感影像得到 4 个示范县（市）2008 年、2012 年和 2017 年的高精度、多类型的土地利用数据，并核算出 4 个县（市）的碳汇量。

具体核算结果如下。①长兴县碳排放经历了先降后升的过程，工业能耗和工业过程碳排放量占碳排放总量的 93% 以上，并呈现下降的特征。金堂县碳排放经历了先升后降的过程，已于 2011 年实现碳达峰，工业能耗和工业过程碳排放量占碳排放总量的 77% 以上，并呈现先升后降的特征。武安市碳排放呈现逐年增长的特征，工业能耗和工业过程碳排放量占碳排放总量的 90% 以上，并经历了先降后升的过程。庆城县碳排放经历了波动下降的过程，第二产业碳排放量占碳排放总量的比重平均在 53% 以上，并呈现波动下降的特征。②长兴县和金堂县的单位 GDP 碳排放强度和工业碳排放强度呈现波动下降的特征；武安市和庆城县的单位 GDP 碳排放强度和工业碳排放强度呈先降后升的特征，武安市主要受碳排放快速增长的影响，庆城县则受经济波动下滑的影响。4 县（市）的农业碳排放强度均呈现下降特征。在碳排放空间强度方面，武安市最高，长兴县和金堂县次之，庆城县最低。在人均碳排放强度方面，武安市最高，长兴县和庆城县次之，金堂县最低。③长兴县、金堂县、武安市和庆城县的碳汇总量总体呈现下降趋势，城镇开放空间碳汇量下降较为明显。

第 4 章

县域碳源碳汇时空格局

4.1 碳排放空间表达

4.1.1 碳排放空间化方法

根据 IPCC 核算清单，基于点源、线源和面源数据，结合自上而下和自下而上的方法，构建县域尺度碳排放核算体系。在实地调研的基础上，本研究完成了长兴县、金堂县、武安市和庆城县等 4 个县域的碳源核算。碳排放空间化表达则基于 ArcGIS 10.7 软件，根据碳排放源（包括点源、线源和面源）计算的碳排放空间数据、空间网格数据、道路网络和土地利用数据，通过数据核查，利用相交、空间连接等叠加分析工具，最终得到碳排放的空间化结果，如图 4-1 所示。

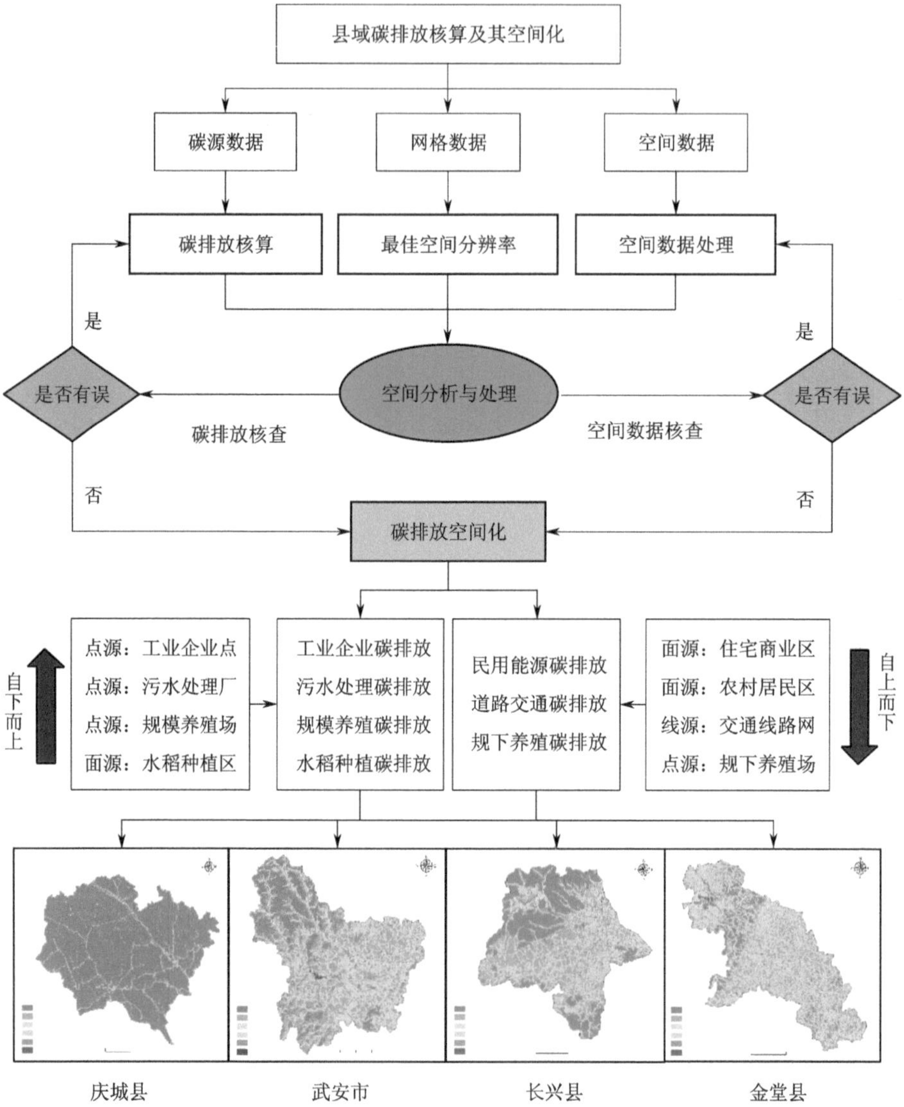

图 4-1　县域碳排放核算体系及空间表达

4.1.2　县域尺度最佳分辨率

县域尺度碳排放最佳空间分辨率的确定是基于尺度效应的分析。在具体的县域研究中，研究区域的范围是一个常数，仅在改变粒度（或分辨率）的情况下可能会发生尺度效应。为了比较不同分辨率下碳排放的空间化结果，进行了探索性研究，利用 50 m × 50 m、100 m × 100 m、150 m × 150 m、200 m × 200 m、250 m × 250 m、300 m × 300 m、350 m × 350 m、400 m × 400 m、450 m × 450 m、500 m × 500 m 这 10 种不同分辨率的网格，得到了 10 种类型的碳排放空间化结果，其中部分结果如图 4-2 所示。

空间分辨率的差异将对研究过程和结果产生重大影响。在低分辨率下观察到的均匀系统在高分辨率下可能表现出明显的非均匀性。在高分辨率的空间格局研究中，大量的细节冗余信息和数据会增加分析难度。本研究的主要目的之一是为碳排放的空间研究选择一个最佳分辨率。

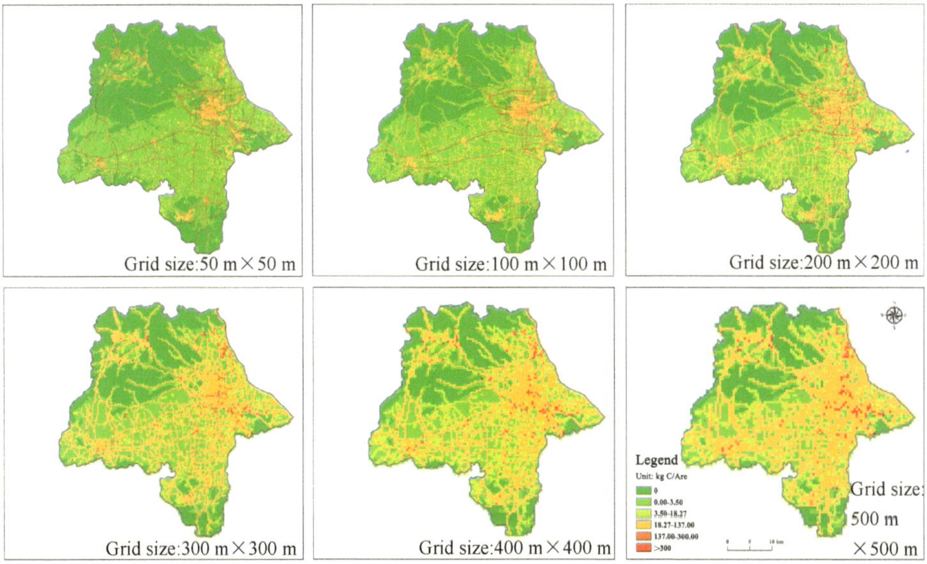

图 4-2　不同分辨率下的碳排放空间格局

基于景观格局指数和信息损失评价模型，我们发现县域尺度的空间碳排放最优分辨率为 200 m × 200 m 的网格。通过比较不同大小的网格在景观水平上的集聚指数，可以认为 200~250 m 和 400~500 m 是最适合的粒度，因为在这一范围内，集聚指数（AI）曲线变化较为稳定（图 4-3（a））；景观形状指数（LSI）曲线表明，150~200 m 是最合适的网格尺寸（图 4-3（b））。转折点可以反映尺度敏感性，并以此为基础探索出相对特殊的分辨率。香农多样性指数（SHDI）曲线（图 4-3（c））确定了三个转折点（200 m、250 m 和 400 m）。粒度效应对 SHDI 的影响在一个转折点的左右两侧是相反的，既有由增到减的趋势，也有由减到增的趋势。从信息损失评价结果（图 4-3（d）至图 4-3（f））来看，面积损失和斑块损失曲线在 150~200 m 区间内变化平稳，前者稳定增加，后者有所下降。特别是在 200 m 分辨率下，斑块损失曲线有一个转折点；在 200~250 m 的分辨率范围内，周长损失曲线增幅稳定，而在其他区间变化较大，说明 200~250 m 是最佳分辨率。不同网格尺度下景观尺度的最佳分辨率范围及特征见表 4-1。

表 4-1　不同网格尺度下景观尺度的最佳分辨率范围及特征

指标	网格尺寸	特征
集聚指数	200~250 m，400~500 m	降幅稳定
景观形状指数	150~200 m	降幅稳定
香农多样性指数	200 m，250 m，400 m	转折点
面积损失	150~200 m	增幅稳定
斑块损失	150~200 m	降幅稳定
周长损失	200~250 m	增幅稳定
最佳分辨率	200 m	—

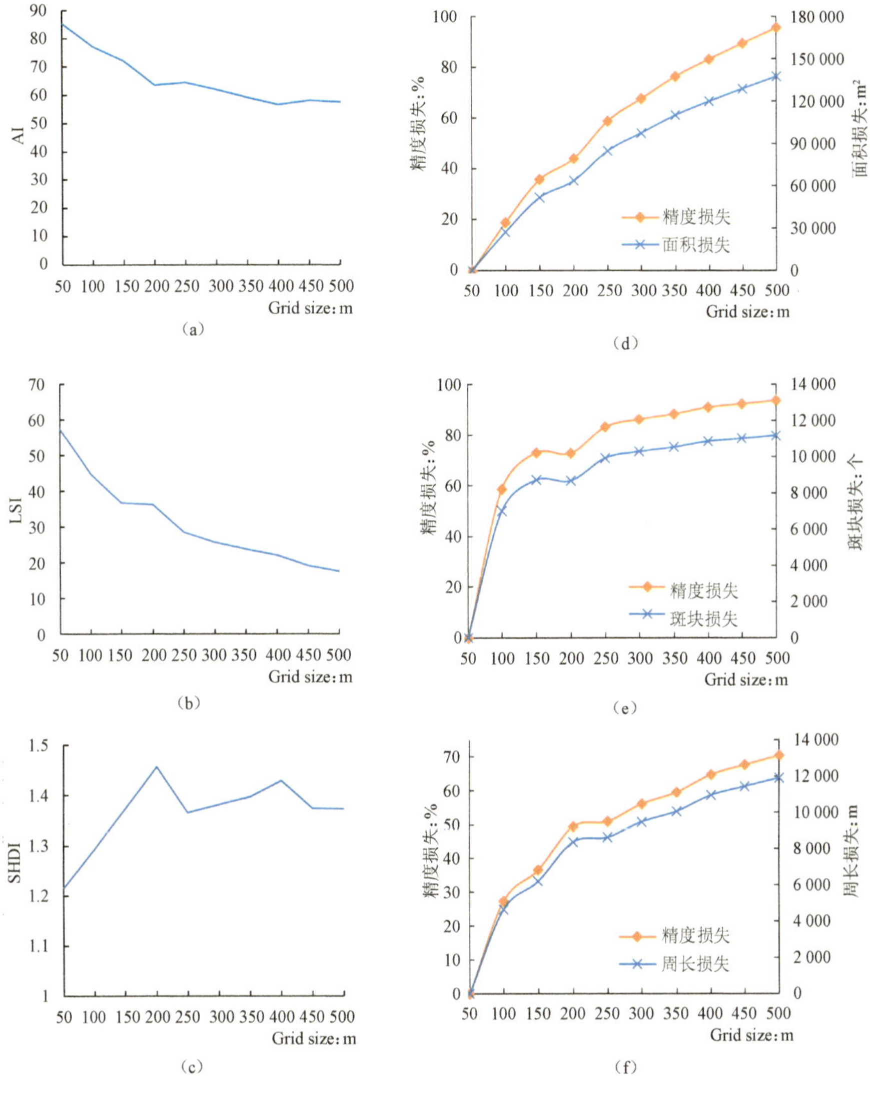

图 4-3　景观格局指数与信息损失评价模型下的最优分辨率

综上，通过不同分辨率条件下的景观尺度，我们可以发现合适的分辨率范围是 200~250 m；根据信息损失评估，我们可以将最佳分辨率的范围缩小到 150~200 m，最后可得县域尺度碳排放的最佳分辨率为 200 m。

4.2 碳排放时空格局

4.2.1 长兴县

图 4-4 显示，长兴县 2008 年碳排放的空间格局总体上呈现“大分散、小聚集”的特征。高碳源区域主要集中在县城区、李家巷镇、和平镇、泗安镇、煤山镇和夹浦镇。高速公路、国道、省道等主干道以及主要航运河道等交通线路碳排放强度也相对较高，其他县乡道、农村道路、乡镇和农村居民点碳排放强度相对较低，耕地的碳排放强度最低。

长兴县 2012 年碳排放的空间格局开始呈现集聚特征。高碳源区域主要集中在县城区、李家巷镇、和平镇、泗安镇、煤山镇和夹浦镇。县城区与李家巷镇相连成片，形成一个相对较大的碳排放集聚区，相较 2008 年，煤山镇和泗安镇 2012 年的碳排放集聚程度进一步提升。总体上，交通运输碳排放强度和密度较 2008 年有较为明显的提高，其中县城区、泗安镇、和平镇和煤山镇增加最为显著。

长兴县 2017 年碳排放空间格局呈现进一步集聚的特征，并且部分碳排放较高的区域相连成片，形成“点—线—面”连成一体的碳排放空间格局。除了县城区和原有的几个高碳源乡镇，林城镇、虹星桥镇和水口乡的碳排放强度明显提升，成为新的高碳源区域。县城区、李家巷镇、煤山镇和泗安镇的碳排放集聚程度进一步增加，集聚区域进一步扩大，而且交通运输碳排放强度和密度提升十分显著。

2008—2017 年，长兴县县城、李家巷镇、煤山镇、泗安镇碳排放强度明显增高，长兴县碳排放在空间上呈现向县城区、主要乡镇、工业园区及主要交通线路集中的趋势。

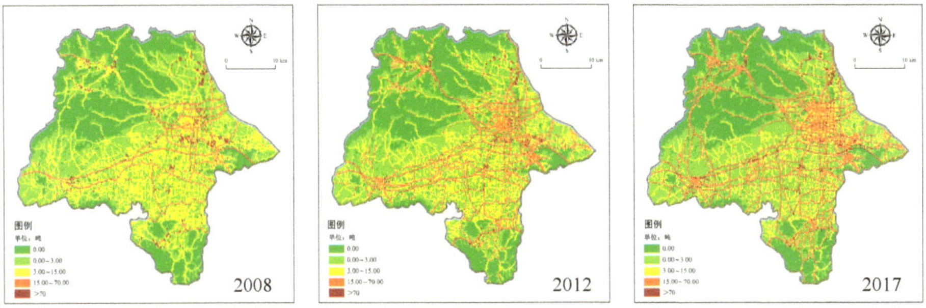

图 4-4　长兴县 2008—2017 年碳排放时空格局

4.2.2　金堂县

图 4-5 显示，金堂县 2008 年碳排放的空间格局呈现明显的局部集聚特征，耕地是占地面积最大的碳源。高碳源区域主要集中在赵镇、淮口镇和隆盛镇[①]。主要交通路网碳排放强度较高，但是密度较低。栖贤乡、三星镇、广兴镇、福兴镇和赵家镇西部等区域碳排放强度相对较低。

金堂县 2012 年碳排放的空间格局呈现明显的集聚特征。高碳源区域主要集中在县城所在的赵镇北部、三星镇西北部及淮口镇的东部，并以县城和淮口镇为中心，形成了两个相对较大的碳排放集聚区。相较 2008 年，赵家镇和淮口镇 2012 年的碳排放集聚程度有非常明显的提升，集聚区域也明显扩大。总体上，金堂县碳排放强度较 2008 年有较为明显的上升，其中赵镇、三星镇和淮口镇提高最为显著。

金堂县 2017 年碳排放的空间集聚程度进一步提高，高碳源区域集中在县城和淮口镇的成都 · 阿坝工业园区（简称“成阿工业园区”），而且集聚区域较 2012 年有进一步扩大，形成了碳排放“双核”空间格局。此外，赵家镇、三溪镇和竹嵩镇的碳排放强度也有明显提高，成为新的高碳源区域。

① 在样本县（市）中，由于近年来的行政区划调整，个别乡镇有合并或裁撤，所以部分乡镇名称有所变化。

2008—2017 年，金堂县西北部和中部地区碳排放强度变化显著，其中金堂县城和淮口镇碳排放提高最明显，金堂县碳排放呈现不断向县城和重要乡镇集中的空间格局。

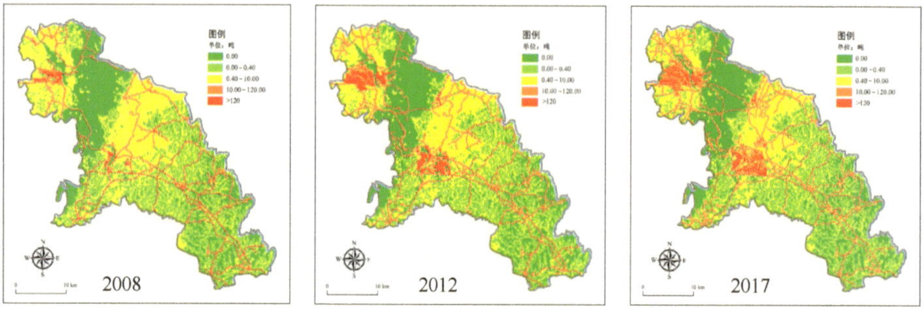

图 4-5　金堂县 2008—2017 年碳排放时空格局

4.2.3　武安市

图 4-6 显示，武安市 2008 年碳排放的空间格局总体上呈现“总体分散、局部聚集”的特征。高碳源区域主要集中在城区、阳邑镇、磁山镇、冶陶镇、午汲镇、上团城乡和西土山乡。农村居民聚居点和主要交通线路碳排放强度也相对较高。其他县乡道、农村道路及耕地的碳排放强度相对较低，管陶乡、活水乡、贺进镇、徘徊镇和马家庄乡的碳排放强度较低。

武安市 2012 年碳排放的空间格局总体上呈现集聚与扩张并存的特征。高碳源区域主要集中在城区、阳邑镇、磁山镇、冶陶镇、午汲镇、上团城乡和西土山乡。城区所在的武安镇碳排放集聚程度较 2008 年有明显提升，它成为武安市域内最大的碳排放集中区。各乡镇，尤其是城区周边乡镇交通运输碳排放强度和密度提升非常显著。管陶乡、活水乡、贺进镇、徘徊镇和马家庄乡的碳排放强度也有所提高。

武安市 2017 年碳排放的空间格局总体上呈现进一步集聚的特征。高碳源区域主要集中在城区，磁山镇、冶陶镇和上团城乡有零星分布。矿山镇、午汲镇、磁山镇、冶陶镇和上团城乡等较高碳源区域的碳排放集聚程度较 2012 年有进一步升高，集聚区域进一步扩大。总体上交通运输碳排放强度和密度有所下降，东北部的大同镇、邑城镇和北安乐乡相对较为明显。

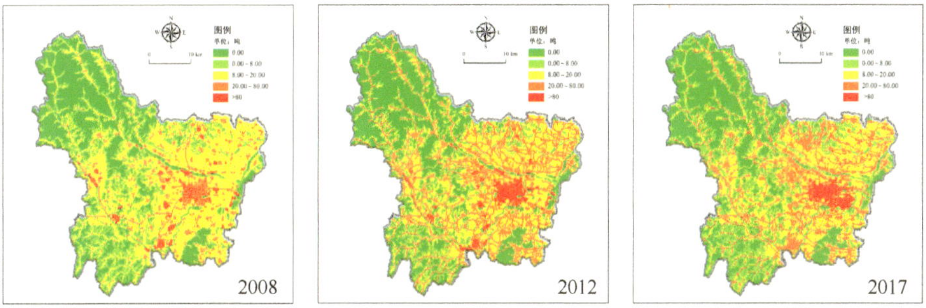

图 4-6　武安市 2008—2017 年碳排放时空格局

4.2.4　庆城县

图 4-7 显示，庆城县 2008 年碳源分布主要集中在川区、残塬区和公路沿线，县城所在的庆城镇和驿马镇以及北部的马岭镇、卅铺镇是主要的高碳源区，高碳源区域集中在县城区、西川工业集中区和驿马工业集中区。国道、省道等主要交通线路碳排放强度也相对较高。碳排放较高的区域主要集中在驿马镇、白马铺镇和赤城乡的塬墚地区，其他碳排放较高的区域则分散在各乡镇农村居民聚居区。耕地的碳排放强度较低。

庆城县 2012 年碳排放呈现不断向县城和重要乡镇集中的空间格局。高碳源区域主要集中在县城区、南部驿马镇的塬区以及北部马岭镇和卅铺镇的川区。总体上，庆城县碳排放空间分布格局较 2008 年变化不明显。国道、省道等主要交通线路碳排放强度相对较高。碳排放较高的区域主要集中在驿马镇、白马铺镇和赤城镇的塬墚地区，其他碳排放较高的区域则分散在各乡镇农村居民聚居区。

庆城县 2017 年碳排放呈现进一步向县城区和重要乡镇集中的空间格局。除了县城区和原有的几个高碳源乡镇，新通车的青兰高速庆城段成了新的高碳源区域。县城区和驿马镇的碳排放强度有明显提高，碳排放集聚区域进一步扩大。

2008—2017 年，庆城县城区和驿马镇的碳排放强度明显提高，碳排放在空间上呈现向县城区、主要乡镇和工业园区及主要交通线路集中的趋势。

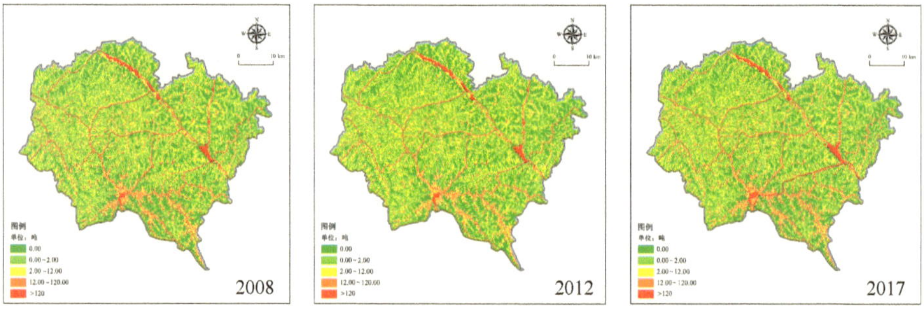

图 4-7　庆城县 2008—2017 年碳排放时空格局

4.3　碳汇时空格局

4.3.1　长兴县

图 4-8 显示，长兴县碳汇分布和土地利用分布基本一致，林地主要分布在长兴县南部和北部地区，主要的碳汇区也分布在北部和南部区域，林地碳汇约占全县碳汇总量的 77%，其中有林地约占 69%。随着土地利用类型发生变化，碳汇空间分布也发生了转移。随着社会经济的发展，建成区面积不断扩大，长兴县的主要碳汇区呈现收缩状态，特别是东部，县城所在地周边的碳汇不断减少。南部区域林地和草地不断转化为建设用地和耕地，碳汇能力降低，碳汇量不断下降。

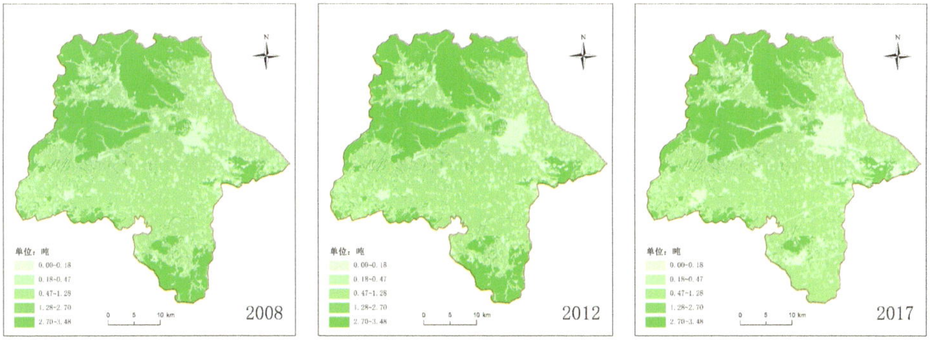

图 4-8　长兴县 2008—2017 年碳汇时空格局

4.3.2　金堂县

图 4-9 显示，金堂县碳汇空间分布比较均衡，全县的碳汇主要来自耕地，耕

地碳汇占全县碳汇总量的73%，其中水田约占37%，旱地约占36%；林地约占全县碳汇总量的18%。在研究期内，金堂县碳汇总体保持稳定。随着金堂县城和淮州新城建设力度不断增大，城镇建设用地、农村建设用地和工矿交通等其他建设用地不断扩张，侵占了部分耕地、林地和草地，使碳汇能力不断下降，碳汇总量也呈下降趋势。

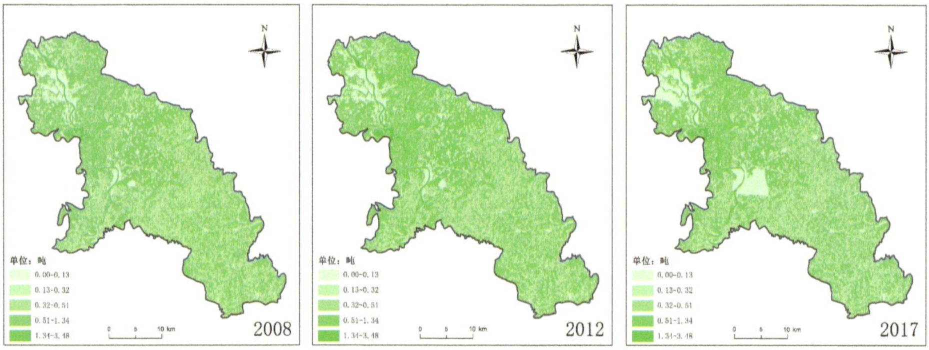

图 4-9　金堂县 2008—2017 年碳汇时空格局

4.3.3　武安市

图 4-10 显示，武安市碳汇主要来源于耕地和有林地，耕地和有林地碳汇占全县碳汇总量的 32%。武安市的有林地碳汇主要分布在西北部区域，耕地碳汇在全县均有分布，主要集中在东部区域。由于中部是县城所在地，周围人口密集，城镇建设用地、农村建设用地和工矿交通等其他建设用地不断扩张，在空间分布上，中部区域碳汇较少，碳汇面积呈递减趋势。

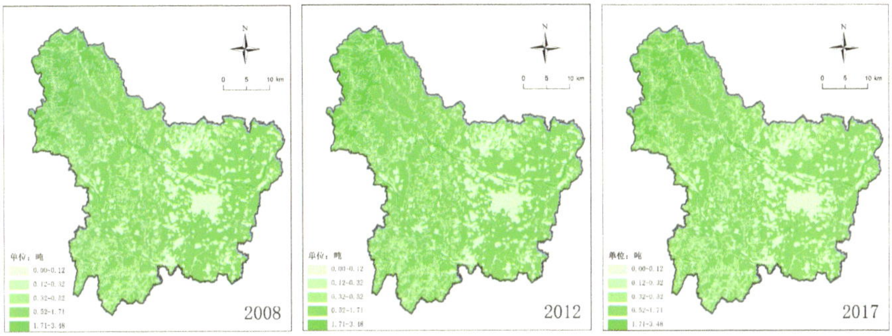

图 4-10　武安市 2008—2017 年碳汇时空格局

4.3.4　庆城县

图 4-11 显示，庆城县位于黄土高原，地形以塬、梁、峁为主，降雨量少，碳汇主要以旱地、中覆盖度草地和灌木林地为主，三种土地利用类型的碳汇约占全县碳汇总量的 84%，其中旱地约占 53%，中覆盖度草地约占 19%，灌木林地占 12%。碳汇在空间分布上呈现均衡分布、局部集中的特征。局部主要集中在庆城县北部和南部林区。随着西川工业集中区和驿马工业集中区的建设，耕地不断转化为城镇建设用地和工矿交通等其他建设用地，耕地碳汇呈减少趋势。同时，由于退耕还林和封山禁牧等生态保护政策的实施，草地碳汇呈增加趋势。

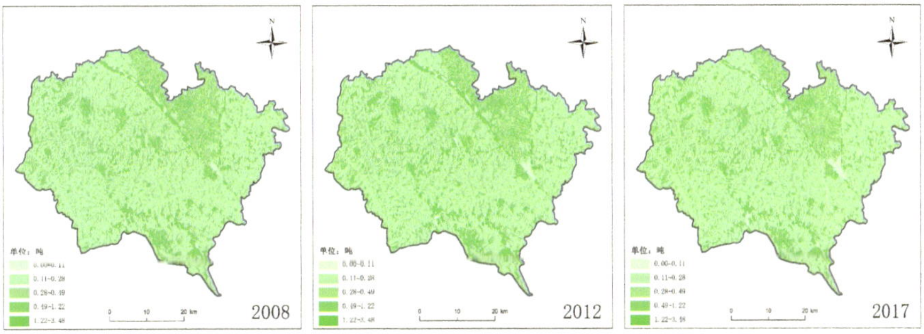

图 4-11　庆城县 2008—2017 年碳汇时空格局

4.4 本章小结

本章利用根据碳排放源（包括点源、线源和面源）计算的碳排放空间数据、空间网格数据、道路网络和土地利用数据，基于 ArcGIS 10.7 软件，通过数据核查，利用相交、空间连接等叠加分析工具，得到碳排放空间网格数据，实现了碳排放的空间表达。在碳排放空间数据的基础上，对不同大小的网格数据进行尺度效应分析和信息损失评价。研究结果表明，县域尺度碳排放空间化的最佳分辨率为 200 m×200 m。基于县域尺度最佳分辨率，我们构建了 2008—2017 年长兴县、金堂县、武安市和庆城县 200 m×200 m 的碳排放和碳汇空间数据集，并在此基础上进一步分析了 4 个县（市）的碳排放和碳汇时空格局。长兴县碳排放时空格局经历了由“大分散、小聚集”到向县城区、主要乡镇和工业园区及主要交通线路集中的特征，碳汇区则呈现收缩特征。金堂县碳排放时空格局经历了向县城和重要乡镇集中的过程，形成了县城和淮州新城碳排放“双核”空间格局，碳汇区域和总量呈双下降趋势。武安市碳排放的时空格局总体上呈现集聚与扩张并存的特征，中部地区碳汇较少，碳汇面积呈现递减趋势。庆城县碳排放时空格局呈现向县城区和重要乡镇集中的特征，由于退耕还林和封山禁牧等生态保护政策的实施，草地碳汇呈增加趋势。

第 5 章

县域碳平衡分区

5.1　县域碳平衡分区理论框架

5.1.1　理论框架

从区域自然环境和人类活动的角度而言，任何县域空间都包含自然系统和经济系统两部分。因此县域尺度碳循环过程具有明显的“自然—社会”二元碳循环的特征（赵荣钦 等，2013）。其中，经济系统由于具有大量的人类活动和能源消耗，成为区域碳循环的主要环节。总体而言，县域空间碳循环过程包括3个不同的环节：垂直碳交换、水平碳通量和内部碳流通。垂直碳交换是指植被的碳吸收和区域中各种途径的自然和人为碳释放；水平碳通量是指区域与外界之间各种能源、含碳产品、原料和废弃物等的输入与输出；内部碳流通是指自然系统或社会系统内部或两个子系统之间的碳元素以各种能源、产品、食物、原料及废弃物等形式的流通（赵荣钦 等，2013）。

本研究重在分析县域单元碳收支和碳平衡的空间差异，结合数据的可获得性，仅考虑垂直碳交换部分。基于此，本研究建立了县域尺度垂直碳收支核算的框架和方法，其中，碳吸收包括农作物、林地、草地和建成区绿化植被的碳吸收；碳排放包括各种能源消费、农业生产活动、畜牧业、固体废弃物和废水处理等的碳排放。

5.1.2 评价指标

区域碳平衡指在一定行政区域、流域、生态功能区或经济区内，减少区域碳排放总量、增加生态系统碳汇能力，使得在一定统计周期的碳排放总量和碳汇吸储规模相当，实现动态平衡的过程。碳平衡分区指标的构建要综合考虑生态系统和经济活动，本研究初步考虑利用碳补偿率、经济活动碳强度（地均碳排放强度）进行碳平衡分区的划定。

（1）碳补偿率

碳补偿率是某一区域碳吸收量与碳排放量的比值，反映了区域碳汇能力的大小，计算方法如下：

$$C_{com}=C_s/C_e \tag{17}$$

式中：C_{com} 代表碳补偿率；C_s 代表某一区域的碳吸收量；C_e 代表某一区域的碳排放量。

（2）地均碳排放强度

地均碳排放强度表示某一区域生产活动产生的碳排放量，计算方法如下：

$$L=C_e/S \tag{18}$$

式中：L 代表地均碳排放强度；C_e 代表某一区域的碳排放量；S 代表这一区域的面积。

5.1.3 划分标准

地均碳排放强度以最大化区分农地与建设用地为准，碳补偿率参考相关文献资料（赵荣钦 等，2013），并经过数据整理计算和阈值探索性调整分析后得到划分结果，碳补偿率大于 1.2 的为碳汇功能区，碳补偿率介于 0.8~1.2 之间的为碳平衡区。低碳优化区的碳补偿率小于 0.8，而且地均碳排放强度小于 3 吨 / 公顷；碳强度控制区的碳补偿率小于 0.8，而且地均碳排放强度大于 3 吨 / 公顷。碳平衡分区划分标准如表 5-1 所示。

表 5-1　碳平衡分区划分标准

	碳强度控制区	低碳优化区	碳平衡区	碳汇功能区
碳补偿率	＜0.8	＜0.8	0.8~1.2	＞1.2
地均碳排放强度	＞3 吨 / 公顷	＜3 吨 / 公顷	—	—

5.2　县域碳平衡分区时空演化

5.2.1　长兴县

长兴县 2008—2017 年碳平衡分区的各分区在时间上的演化规律如下（图 5-1）。①碳强度控制区面积连续扩大，但增加趋势快速趋缓，其中 2008—2012 年和 2012—2017 年的年均面积增速分别为 25.28% 和 3.95%。②低碳优化区面积连续减少，而且降低趋势持续放缓，其中 2008—2012 年和 2012—2017 年的年均面积降速分别为 6.84% 和 2.20%。③碳平衡区面积先缓慢减少后缓慢增加，其中 2008—2012 年的平均面积减少速度为 2.46%，2012—2017 年的年均面积增加速度为 0.90%。④碳汇功能区面积略有下降，但下降幅度不明显。碳平衡分区的各分区在 2008—2017 年空间上表现出县城区内部、各乡镇中心和县内路网沿线的低碳优化区转变为碳强度控制区，而且演变速度逐渐减小，碳平衡区和碳汇功能区面积和位置没有发生明显变化。

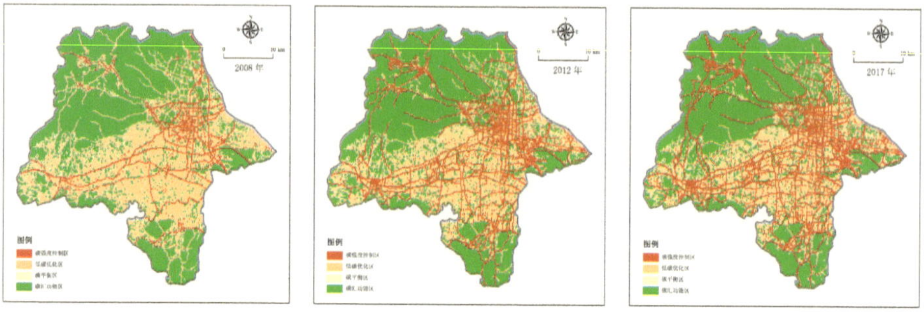

图 5-1　长兴县碳平衡分区时空演化

5.2.2　金堂县

金堂县 2008—2017 年碳平衡分区的各分区在时间上的演化规律如下（图 5-2）。①碳强度控制区面积持续扩大，而且面积逐渐趋于稳定，其中 2008—2012 年和 2012—2017 年的年均面积增速分别为 8.67% 和 0.48%。②低碳优化区面积连续增加，而且增速呈加快趋势，其中 2008—2012 年的平均面积降速为 5.06%，2012—2017 年的年均面积增速分别为 0.77% 和 2.17%。③碳平衡区面积持续缩小，而且减小速率小幅度降低，其中 2008—2012 年和 2012—2017 年的年均面积减速分别为 3.61% 和 3.13%。④碳汇功能区面积先减小后增加，但变化幅度不明显。碳平衡分区的各分区在 2008—2017 年空间上表现出县城、淮州新城周边和两城区之间路网沿线的低碳优化区、碳平衡区及碳汇功能区逐渐转变为碳强度控制区，其中低碳优化区和碳平衡区面积占比较大，并且在距路网较远的地区有少量碳平衡区逐渐转变为碳汇功能区。

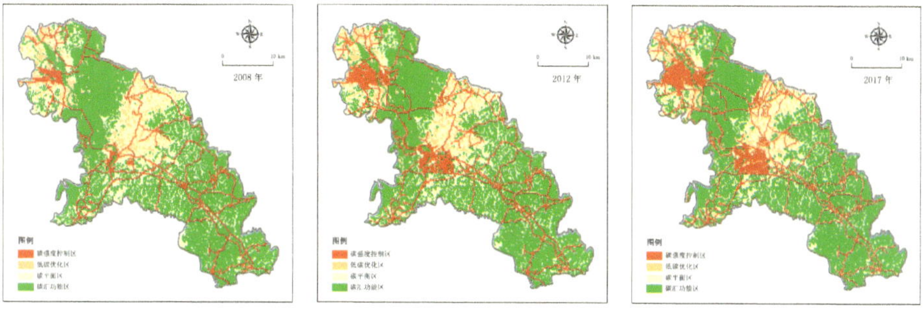

图 5-2　金堂县碳平衡分区时空演化

5.2.3　武安市

武安市 2008—2017 年碳平衡分区的各分区在时间上的演化规律如下（图 5-3）。①碳强度控制区面积先快速扩大后持续缩小，其中 2008—2012 年和 2012—2017 年的年均面积增速和降速分别为 13.25% 和 1.41%。②低碳优化区面积先较快减少后较慢增加，其中 2008—2012 年的平均面积降速为 5.06%，2012—2017 年的年均面积增速为 0.32%。③碳平衡区面积先缩小后扩大，而且变化速率均较快，其中 2008—2012 年的平均面积降速为 5.88%，2012—2017 年的年均面积增速为 5.16%。④碳汇功能区面积先减少后增加，而且变化速率均较慢，其中 2008—2012 年的平均面积降速为 0.36%，2012—2017 年的年均面积增速为 0.65%。碳平衡分区的各分区 2008—2017 年在空间上表现出县城区及其周边的低碳优化区转变为碳强度控制区，而且变化幅度较大，各乡镇中心和县内路网沿线的低碳优化区先转变为碳强度控制区，随后该部分碳强度控制区又部分转变为低碳优化区，而且碳平衡区和碳汇功能区面积和位置没有发生明显变化。

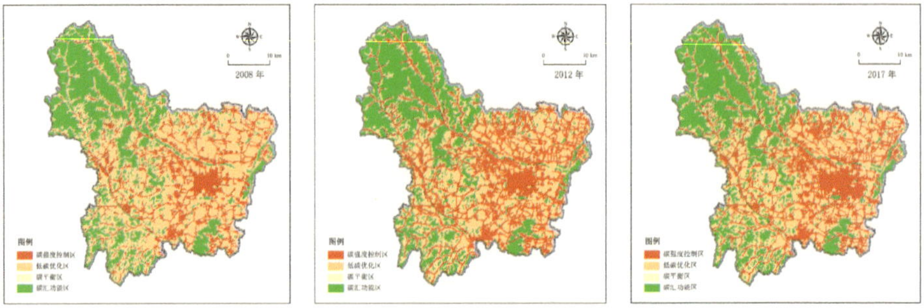

图 5-3　武安市碳平衡分区时空演化

5.2.4　庆城县

庆城县 2008—2017 年碳平衡分区的各分区在时间上的演化规律如下（图 5-4）。①碳强度控制区面积先缩小后扩大，而且变化速度均较快，其中 2008—2012 年的平均面积降速为 3.91%，2012—2017 年的年均面积增速为 5.01%。②低碳优化区面积先保持基本不变后低速缩小，其中 2008—2012 年的平均面积增速为 0.07%，2012—2017 年的年均面积降速为 0.95%。③碳平衡区面积先较快扩大后基本保持不变，其中 2008—2012 年的平均面积增速为 2.37%，2012—2017 年的年均面积降速为 0.01%。④碳汇功能区面积先缓慢扩大后基本保持不变，其中 2008—2012 年的平均面积增速为 0.93%，2012—2017 年的年均面积降速为 0.03%。碳平衡分区的各分区在 2008—2017 年空间上表现出县城区和两个工业园区以及县内路网沿线的碳强度控制区密度先略微减小后略微增加，碳平衡区面积和位置没有发生明显变化。

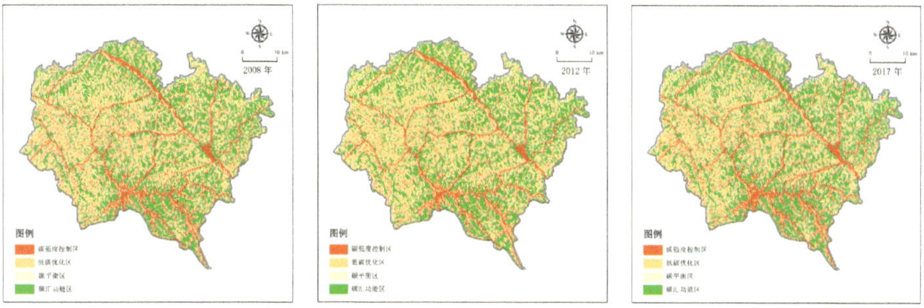

图 5-4　庆城县碳平衡分区时空演化

5.3　碳平衡分区演变驱动因子

碳平衡分区变化是多因素共同驱动的结果，碳强度控制区多受社会经济因素的影响，碳汇功能区多受自然条件的影响，其变化除了受到自身理化性质等自然因素的影响外，在城市化、工业化高度发展的今天，更多受到社会、经济等多元因子的复合作用和驱动。综合其他研究和本研究的分析成果，最终选取以下社会经济和自然方面的 10 项驱动因子（表 5-2），得到 4 县（市）的驱动因子分别如图 5-5、图 5-6、图 5-7、图 5-8 所示。

表 5-2 碳平衡分区演变驱动因子

类型	因子	数据精度	来源
社会经济因子	人口密度	90 m×90 m	Worldpop（www.worldpop.org）
	单位面积 GDP	1 000 m×1 000 m	中科院资源环境科学与数据中心（www.resdc.cn）
	能源密度	100 m×100 m	规模以上工业企业能耗统计数据
	路网密度	100m×100m	OpenStreetMap（www.openstreetmap.org）
	到公路的距离	1：100 万全国基础地理信息数据库	全国地理信息资源目录服务系统（www.webmap.cn）
	到城镇中心的距离		
自然因子	到河流的距离		
	高程	30 m×30 m	地理空间数据云（www.gscloud.cn）
	坡度		
	坡向		

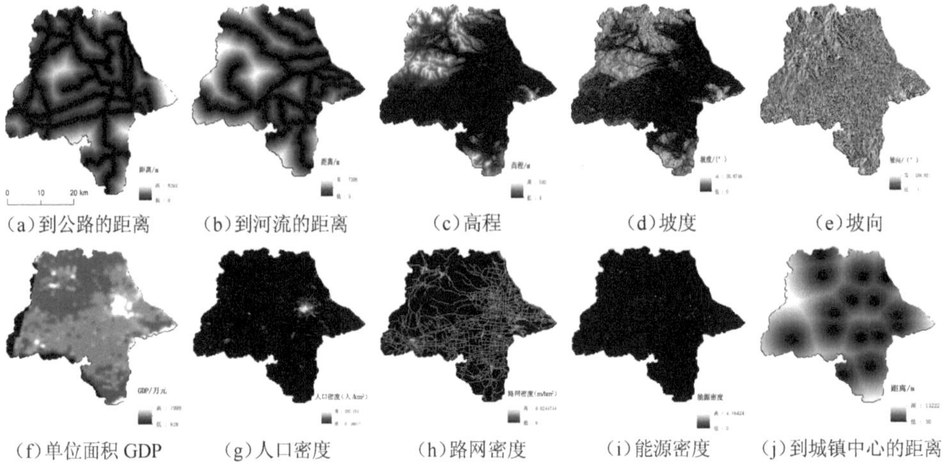

（a）到公路的距离　（b）到河流的距离　（c）高程　（d）坡度　（e）坡向

（f）单位面积 GDP　（g）人口密度　（h）路网密度　（i）能源密度　（j）到城镇中心的距离

图 5-5　长兴县碳平衡演变驱动因子

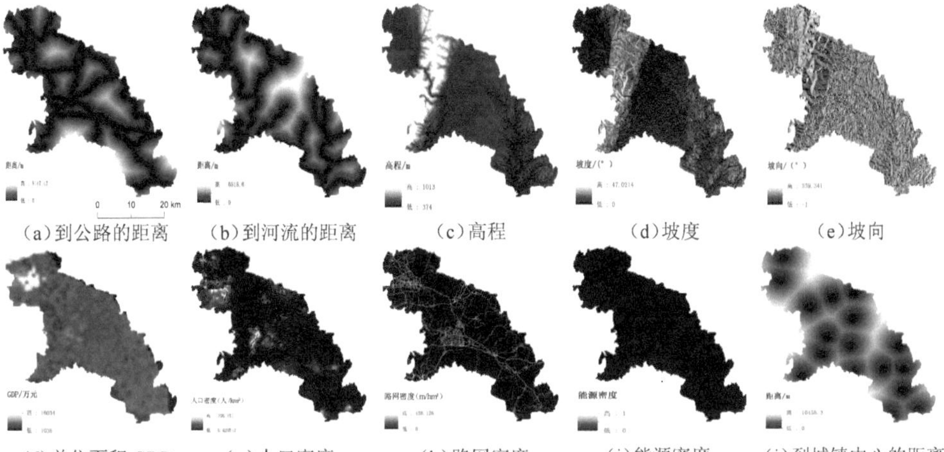

（a）到公路的距离　（b）到河流的距离　（c）高程　（d）坡度　（e）坡向

（f）单位面积 GDP　（g）人口密度　（h）路网密度　（i）能源密度　（j）到城镇中心的距离

图 5-6　金堂县碳平衡演变驱动因子

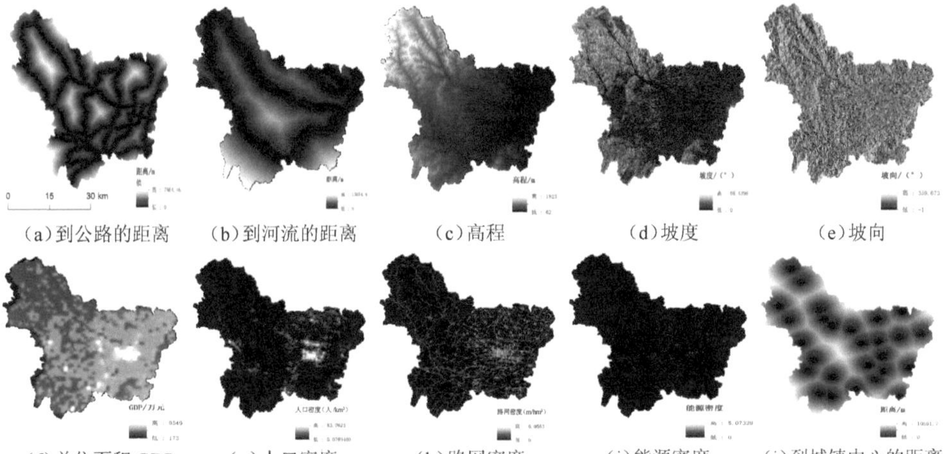

（a）到公路的距离　（b）到河流的距离　（c）高程　（d）坡度　（e）坡向

（f）单位面积 GDP　（g）人口密度　（h）路网密度　（i）能源密度　（j）到城镇中心的距离

图 5-7　武安市碳平衡演变驱动因子

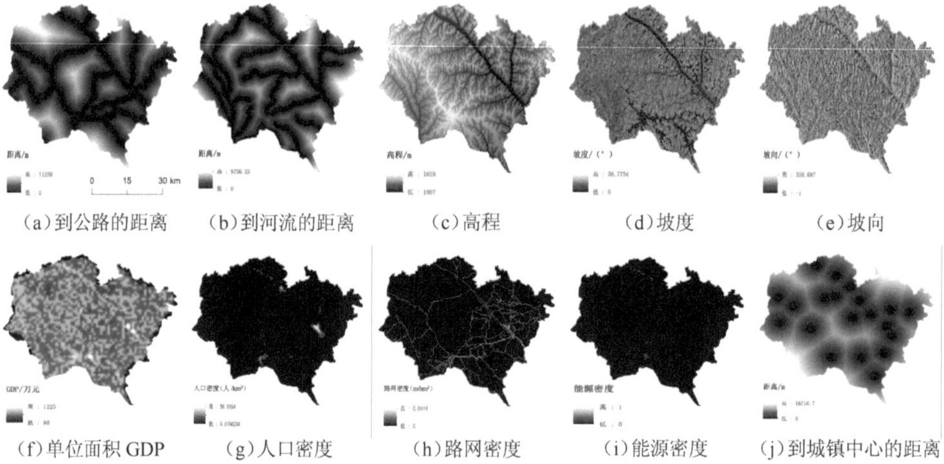

(a)到公路的距离 (b)到河流的距离 (c)高程 (d)坡度 (e)坡向

(f)单位面积 GDP (g)人口密度 (h)路网密度 (i)能源密度 (j)到城镇中心的距离

图 5-8 庆城县碳平衡演变驱动因子

5.4　碳平衡分区多情景模拟

本研究借鉴 FLUS 模型（Future Land Use Simulation Model）对土地利用模拟的思路来模拟碳平衡分区。该模型主体分为两大模块，基于人工神经网络的出现概率模拟（ANN-based Probability of Occurrence Estimation）模块和自适应惯性竞争元胞自动机（Self-adaptive Inertia and Competition Mechanism Cellular Automata）模块，它是在系统动力学模型和元胞自动机模型的基础上整合人工神经网络(ANN，Artificial Neural Networks）算法和轮盘赌（Roulette Wheel Selection）选择机制建立的，可以很好地用于自然、社会、经济等多种驱动力作用下的土地利用变化情景模拟。本研究基于 FLUS 模型，选取了影响碳平衡的 10 个自然和社会经济因子，并对碳平衡分区设置了基准情景、强化情景、渐进情景，模拟出了 3 种情景下 2030 年的碳平衡分区图。

5.4.1　长兴县

长兴县 2030 年碳平衡分区多情景模拟结果如图 5-9 所示。

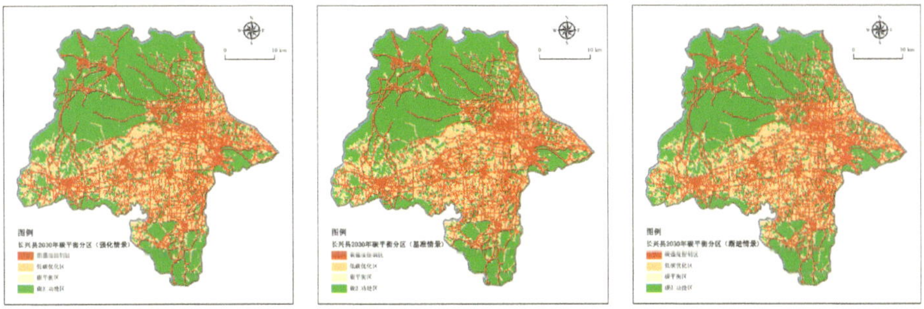

图 5-9　长兴县 2030 年碳平衡分区多情景模拟

在基准情景中，长兴县碳汇功能区的面积最大，为 63 320 公顷；最小的为碳平衡区，面积为 3 860 公顷；碳强度控制区和低碳优化区的面积分别为 47 668 公顷和 31 010 公顷。同样，在强化情景和渐进情景中，碳平衡分区结构与基准情景一致，面积最大的为碳汇功能区，其次为碳强度控制区、低碳优化区，最小的为碳平衡区。

从长兴县 3 种情景模拟结果来看（图 5-10），与基准情景相比，在强化情景下的碳强度控制区面积有所减少（0.14%）；低碳优化区、碳平衡区和碳汇功能区面积有所增加，增幅分别为 0.11%、0.005% 和 0.04%。在渐进情景下碳强度控制区面积有所升高（增幅为 0.15%）；低碳优化区、碳平衡区和碳汇功能区面积有所减少，降幅分别为 0.10%、0.01% 和 0.03%。从变化情况来看，长兴县碳强度控制区的变化幅度最为明显，其次分别为低碳优化区、碳汇功能区和碳平衡区。

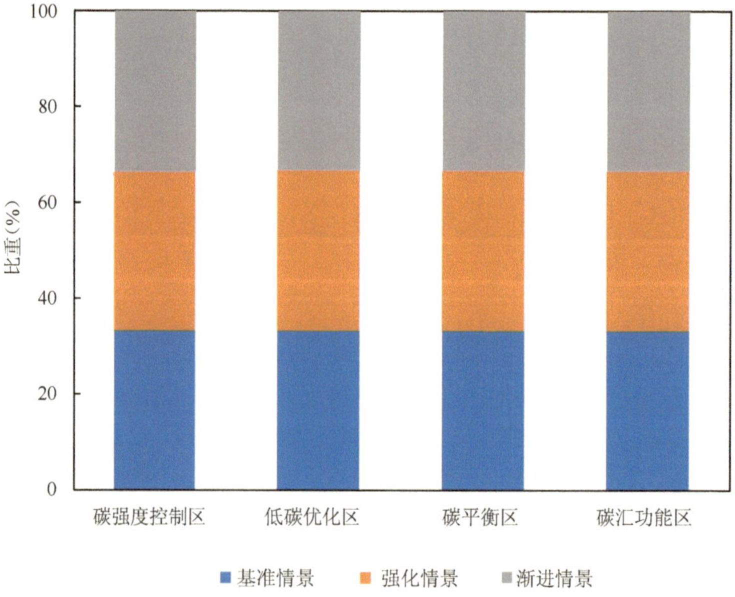

图 5-10　长兴县 2030 年碳平衡分区多情景模拟对比

5.4.2　金堂县

金堂县 2030 年碳平衡分区多情景模拟结果如图 5-11 所示。

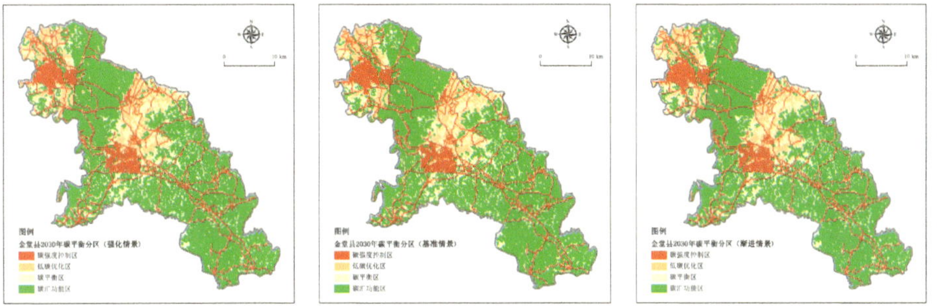

图 5-11　金堂县 2030 年碳平衡分区多情景模拟

在基准情景中，金堂县碳汇功能区的面积最大，为 66 012 公顷；最小的为碳平衡区，面积为 12 348 公顷；碳强度控制区和低碳优化区的面积分别为 21 172 公顷和 16 192 公顷。强化情景、渐进情景的碳平衡分区结构与基准情景一致，面积最大的为碳汇功能区，其次为碳强度控制区、低碳优化区，最小的为碳平衡区。

从金堂县 3 种情景模拟结果来看（图 5-12），与基准情景相比，在强化情景下的碳强度控制区、低碳优化区和碳汇功能区面积均有所减少，降幅分别为 0.02%、0.04% 和 0.01%；碳平衡区面积有所增加，增幅为 0.07%。在渐进情景下碳强度控制区、低碳优化区和碳汇功能区面积有所增加，增幅分别为 0.01%、0.04% 和 0.02%；碳平衡区面积有所减少，降幅为 0.07%。从变化情况来看，金堂县碳平衡区的变化幅度最为明显，其次分别为低碳优化区、碳强度控制区和碳汇功能区。

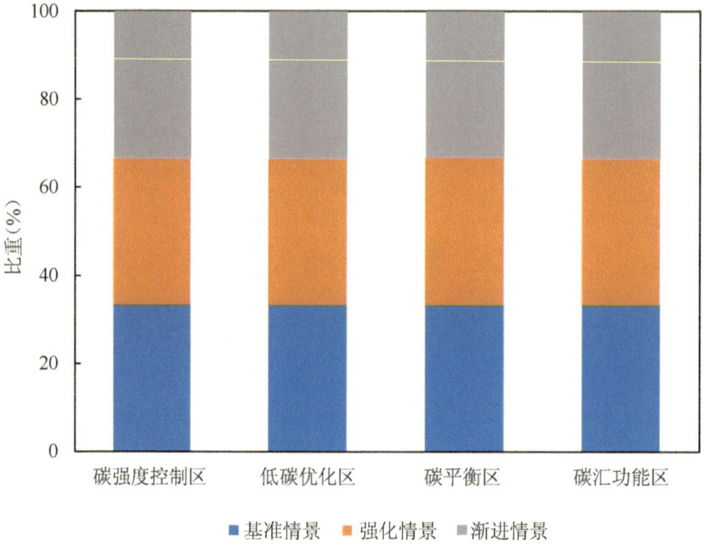

图 5-12 金堂县 2030 年碳平衡分区多情景模拟对比

5.4.3 武安市

武安市 2030 年碳平衡分区多情景模拟结果如图 5-13 所示。

图 5-13 武安市 2030 年碳平衡分区多情景模拟

在基准情景中，武安市低碳优化区面积最大，为 82 516 公顷；最小的为碳平衡区，面积为 1 808 公顷；碳汇功能区和碳强度控制区的面积分别为 62 052 公顷和 39 736 公顷。强化情景、渐进情景的碳平衡分区结构与基准情景一致，面积最大的为低碳优化区，其次为碳汇功能区、碳强度控制区，最小的为碳平衡区。

从武安市 3 种情景模拟结果来看（图 5-14），与基准情景相比，在强化情景下的碳强度控制区和低碳优化区面积有所增加，增幅分别为 0.05% 和 0.004%；碳平衡区和碳汇功能区面积有所降低，降幅分别为 0.002% 和 0.06%。在渐进情景下的碳强度控制区和低碳优化区面积有所减少，降幅分别为 0.05% 和 0.004%；碳平衡区和碳汇功能区面积有所增加，增幅分别为 0.002% 和 0.06%。从变化情况来看，武安市碳汇功能区的变化幅度最为明显，其次分别为碳强度控制区、低碳优化区和碳平衡区。

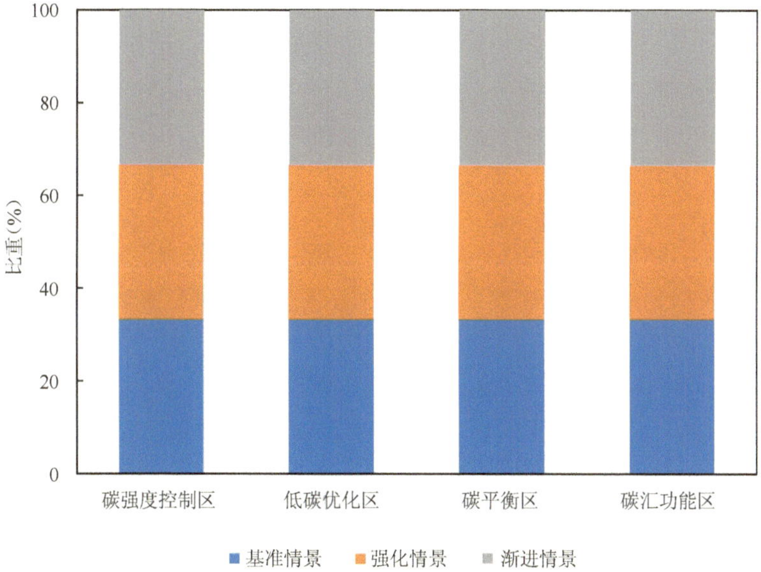

图 5-14　武安市 2030 年碳平衡分区多情景模拟对比

5.4.4 庆城县

庆城县2030年碳平衡分区多情景模拟结果如图5-15所示。

图5-15 庆城县2030年碳平衡分区多情景模拟

在基准情景中，庆城县低碳优化区的面积最大，为125 080公顷；最小的为碳平衡区，面积为11 104公顷；碳汇功能区和碳强度控制区的面积分别为80 912公顷和52 052公顷。强化情景、渐进情景的碳平衡分区结构与基准情景一致，面积最大的为低碳优化区，其次为碳汇功能区、碳强度控制区，最小的为碳平衡区。

从庆城县3种情景模拟结果来看（图5-16），与基准情景相比，在强化情景下的碳强度控制区面积有所减少，降幅为0.11%；低碳优化区、碳平衡区和碳汇功能区面积有所增加，增幅分别为0.11%、0.003%和0.001%。在渐进情景下的碳强度控制区面积有所增加，增幅为0.11%；低碳优化区、碳平衡区和碳汇功能区面积有所减少，降幅分别为0.10%、0.006%和0.001%。从变化情况来看，庆城县碳强度控制区的变化幅度最为明显，其次分别为低碳优化区、碳平衡区和碳汇功能区。

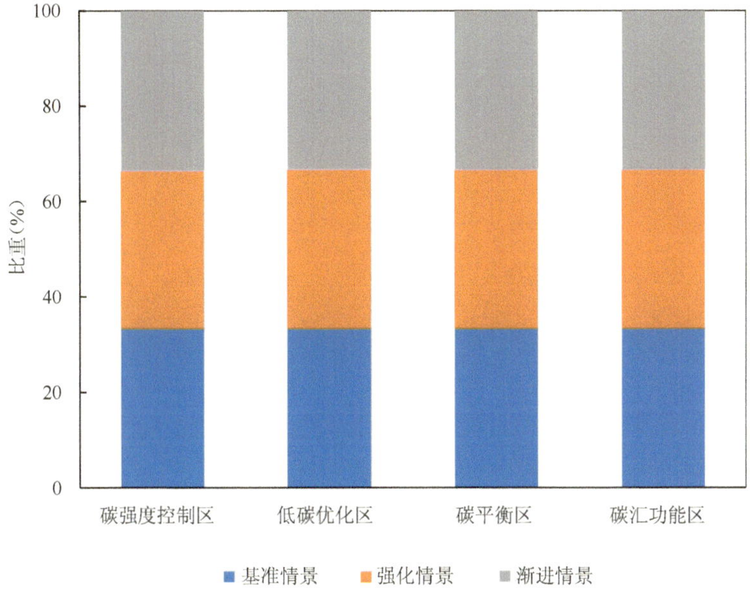

图 5-16　庆城县 2030 年碳平衡分区多情景模拟对比

5.5 本章小结

本章在碳源和碳汇空间化基础上，构建了县域碳平衡分区理论框架、评价指标和划分标准。根据碳补偿率和地均碳排放强度，将县域空间划分为碳强度控制区、低碳优化区、碳平衡区和碳汇功能区。分析了 4 个县（市）碳平衡分区的时空演化特征，碳强度控制区和低碳优化区变化最为显著，碳强度控制区主要分布在城镇、工矿区和交通沿线；碳平衡区和碳汇功能区变化较小，碳平衡区主要分布在农林交错地带，碳汇功能区主要分布在林草覆被区域。在分析 4 个县（市）碳平衡分区时空演变的基础上，利用 FLUS 模型，选取了影响碳平衡分区社会经济和自然方面的 10 个驱动因子，模拟出了基准情景、强化情景和渐进情景下 2030 年的碳平衡分区的空间分布格局。长兴县和庆城县碳强度控制区的变化最为明显，其次为低碳优化区，碳汇功能区和碳平衡区变化不明显；金堂县碳平衡区的变化最为显著，其次为低碳优化区、碳强度控制区和碳汇功能区；武安市碳汇功能区的变化最为明显，其次为碳强度控制区、低碳优化区和碳平衡区。

第6章

基于低碳目标和碳平衡分区的县域空间优化评价

6.1 基本含义

依据碳循环理论，在低碳发展目标（以碳强度控制为主、以碳总量控制为辅的双控目标）约束下，根据县域内不同空间单元的区域碳排放强度和碳汇吸收能力之间的关系状态将县域空间单元划分为4类功能区，即碳强度控制区、低碳优化区、碳平衡区和碳汇功能区。4类平衡分区是县域中分别主要承载生产、生活或生态功能的地域范围，可以根据县域城镇和乡村的不同用地功能对内部进行再分类。县域空间单元是4类平衡分区之间相互影响、相互联系、相互制约的系统，每个平衡分区也是通过生产、生活及用地转换相互影响和制约的县域空间子系统。因此，基于低碳发展目标和碳平衡分区条件，县域空间优化既包含县域4个分区之间的优化调整，也包括分区内部的空间优化，进而实现通过空间优化达到低碳发展的目的。

基于低碳发展目标和碳平衡分区的县域空间优化是指对既有空间结构、生产结构、生活方式加以改变与调整，促进碳排放强度、人均碳排放强度和地均碳排放强度的降低，有效提高碳汇功能区的碳汇能力，实现县域空间利用的生产、生活和生态等目标的过程。根据县域空间优化的内涵，结合碳平衡分区的演化分析和情景模拟结论，县域空间优化包含"点—线—面"等3个尺度，即点源尺度上通过工艺改造、技术升级、结构调整实现碳排放强度和总量的降低；线源尺度上通过交通组织优化、出行方式优化实现县域出行碳排放强度的降低；面源尺度上通过产业布局调整、用地转换控制、用地结构优化等实现空间碳排放强度的降低，进而促进碳收支在空间尺度上平衡水平的提高。通过“点—线—面”三位一体的协同控制，在低碳发展目标下实现县域生产、生活和生态空间的有机协调，提升县域空间利用水平。

6.2 优化目标

在低碳发展目标的约束下，碳平衡分区是系统化的整体，县域空间优化需要按照“点—线—面”三位一体的系统思维，充分考虑平衡分区内部及不同平衡分区之间的相互联系，将“三生”空间（生产、生活、生态等3类空间的总称）、土地利用方式与平衡分区统筹协调，按照因地制宜、分类施策的原则，确定不同碳平衡分区的目标。

6.2.1 碳强度控制区

该区域主要是城镇空间，是县域的产业发展中心和居民生活区域，是能源消耗和碳排放的集中发生区。按照主体功能区划，该区域属于重点开发区，也是县域的生产和生活空间。该区域的目标主要包括提高能源效率、降低化石能源消费比重、降低碳排放强度（包括单位GDP碳排放强度、人均碳排放强度和地均碳排放强度）、调整和约束高碳产业发展、促进该区域的低碳转型。

6.2.2　低碳优化区

低碳优化区主要包括耕地和农村居民点，是未来农业、农村现代化的重点区域。在保证粮食安全的前提下，该区域的发展要以降低农业碳排放强度为主要目标，并实施碳总量控制策略，优化农村居民点，逐步减少农村居民点占用的国土空间。

6.2.3　碳平衡区

碳平衡区主要包括林缘区和部分农业发展基础薄弱的区域。该区域是农业空间和生态空间的交错区，今后发展应该注重林地的提质和农业用地的增效，以进一步增强碳汇功能，并从总量上控制碳排放。

6.2.4　碳汇功能区

碳汇功能区包括农业生产条件较好的净碳汇功能区和县域生态空间。今后应尽快明确碳汇功能区保护红线，禁止在此区域开展城镇化、工业化开发，并进行生态修复保护，提高生态产品供给能力，重点提升该区域的净碳汇能力。

6.3　评价指标与方法

根据县域内不同碳平衡分区的空间利用优化目标和方式，在低碳发展目标的框架下建立碳平衡分区空间优化的衡量指标体系。首先，在每个平衡分区内建立包含目标层、准则层和指标层的衡量指标体系，并将其作为县域碳平衡分区优化的评价标准。

6.3.1 碳强度控制区

该分区主要包括工业用地、居住用地和道路与交通设施用地。碳强度控制区为县域经济的核心区，工业发达，城市化水平较高，具有较好的发展基础和潜力。该分区应采取措施提高能源效率，确定碳排放强度及碳排放总量约束的目标，调整和约束高碳产业发展，促进县域低碳转型。

（1）工业用地的碳强度控制区判断依据（表 6-1）

表 6-1　工业用地的碳强度控制区判断依据

序号	评价指标	优良	一般	较差
1	建筑系数（%）	[40，100）	[30，40）	[0，30）
2	土地产出率（万元 / 亩）	[450，+ ∞）	[300，450）	[0，300）
3	行业碳排放低碳化水平	一级	二级	三级
4	绿色工厂等级	国家级	省部级	市县级
5	工业固体废弃物综合利用率（%）	[85，100）	[60，85）	[0，60）
6	工业用水重复利用率（%）	[90，100）	[80，90）	[0，80）
7	单位 GDP 能耗（吨标准煤 / 万元）	（0，0.44]	（0.44，0.52]	（0.52，+ ∞）

①建筑系数

指标定义：指项目用地范围内的各种建筑物、用于生产和直接为生产服务的构筑物占地面积总和占总用地面积的比例。建筑系数反映建筑项目对土地在平面上的利用情况，是衡量土地利用强度及合理性的尺度之一。

计算公式：建筑系数 =（建筑物占地面积＋构筑物占地面积＋堆场用地面积）÷ 项目总用地面积 ×100%。

数据来源：建筑物占地面积等数据来源于行政主管部门。

评价标准：依照自然资源部《工业项目建设用地控制指标》确定建筑系数这一指标的评价范围。A. 项目总建筑面积：《建筑工程建筑面积计算规范》（GB/T 50353—2013）。B. 项目总用地面积、建筑物占地面积、构筑物占地面积：《地籍调查规程》（TD/T 1001—2012）。C. 行政办公及生活服务设施建筑面积：《房产测量规范 第 1 单元：房产测量规定》（GB/T 17986.1—2000）。

②土地产出率

指标定义：指项目用地范围内单位土地面积上的主营业务收入。它反映单位土地上项目的产出情况，是衡量土地产出水平的重要指标。

计算公式：土地产出率 = 项目营业收入 ÷ 项目总用地面积。

数据来源：地区生产总值数据来源于统计年鉴，建筑总面积数据来源于行政主管部门。

评价标准：依照自然资源部《工业项目建设用地控制指标》确定土地产出率这一指标的评价范围。

③行业碳排放低碳化水平

指标定义：表征不同碳排放影响程度的工业行业部门结构特征，采用《国民经济行业分类》（GB/T 4754—2017）的行业划分标准，将工业部门碳排放分为 3 类：第一类为低碳排放行业，第二类为中碳排放行业，第三类为高碳排放行业。

计算公式：$S=W_1+0.7\times W_2\pm 0.35\times W_3$。$S$ 为行业类型碳排放指数，W_1、W_2、W_3 分别为三级工业行业部门中生产总值的比例。

数据来源：统计年鉴和行政主管部门。

评价标准：依照《国民经济行业分类》（GB/T 4754—2017）的分类标准确定行业类型碳排放等级的评价范围。行业碳排放低碳水平越低，表明工业行业部门碳排放治理力度越大。

④绿色工厂等级

指标定义：按照用地集约化、原料无害化、生产清洁化、资源低碳化原则确定绿色工厂的等级。绿色工厂等级越高，表示该工厂绿色化转型发展程度越高，越有利于工业低碳发展。

计算公式：依照《绿色工厂评价通则》（GB/T 36132—2018）确定绿色工厂等级。

数据来源：绿色工厂数据来源于统计年鉴和行政主管部门。

评价标准：依照《绿色工厂评价通则》（GB/T 36132—2018）评价绿色工厂等级。

⑤工业固体废弃物综合利用率

指标定义：指工业固体废物综合利用量占工业固体废物产生总量（包括当年利用往年的工业固体废物累计贮存量）的百分比。

计算公式：工业固体废弃物综合利用率 = 工业固体废物综合利用量 ÷（工业固体废物产生总量 + 综合利用往年贮存量）× 100%。

数据来源：统计年鉴和生态环境部门。

评价标准：依照生态经济区低碳产业评价指标体系确定工业固体废弃物综合利用率这一指标的评价范围。工业固体废物，简称工业废物，为一类固体废物，是工业生产过程中排入环境的各种废渣、粉尘及其他废物。其可分为一般工业废物（如高炉渣、钢渣、赤泥、有色金属渣、粉煤灰、煤渣、硫酸渣、废石膏、脱硫灰、电石渣、盐泥等）和工业有害固体废物。

⑥工业用水重复利用率

指标定义：指在一定的计量时间（年或月）内，生产过程中使用的重复利用水量与总用水量之比。

计算公式：工业用水重复利用率 = 重复利用水量 ÷（生产中取用的新水量 + 重复利用水量）× 100%。

数据来源：水资源公报和水务统计年鉴。

评价标准：依照《绿色工厂评价通则》（GB/T 36132—2018）确定。工业用水应当推广采用新技术、新材料、新工艺和新设备，提高施工生产中的用水效率，增加循环用水次数，提高工业用水的重复利用率。

⑦单位 GDP 能耗

指标定义：是反映能源消费水平和节能降耗状况的主要指标，一次能源消费总量与国内生产总值（GDP）的比率，是一个能源利用效率的指标。该指标说明一个国家经济活动中对能源的利用程度，反映经济结构和能源利用效率的变化。

计算公式：单位 GDP 能耗（吨标准煤 / 万元）= 能源消费总量（吨标准煤）÷ 国内（地区）生产总值（万元）。

数据来源：地区生产总值数据来源于统计年鉴，能耗数据来源于统计年鉴及行政主管部门。

评价标准：A. 能源消费总量是指一个国家（地区）国民经济各行业和居民家庭在一定时间内消费的各种能源的总和。这里所说的能源，是狭义的能源概念，即从自然界能够直接取得或通过加工、转换取得有用能的各种资源，包括：原煤、原油、天然气、水能、核能、风能、太阳能、地热能、生物质能等一次能源；一次能源通过加工、转换产生的洗煤、焦炭、煤气、电力、热力、成品油等二次能源和同时产生的其他产品；其他化石能源、可再生能源和新能源。其中，水能、风能、太阳能、地热能、生物质能等可再生能源，是仅包括人们通过一定技术手段获得的，并作为商品能源使用的部分；核能仅包括作为能源使用的部分。B. 国内（地区）生产总值，即 GDP，是指一个国家（地区）所有常住单位在一定时期内生产活动的最终成果。为比较方便，在计算单位 GDP 能耗时，使用不变价计算的 GDP。

（2）居住用地的碳强度控制区判断依据（表 6-2）

表 6-2　居住用地的碳强度控制区判断依据

序号	评价指标	优良	一般	较差
1	公园绿地、广场步行 5 分钟覆盖率（%）	[30，100）	[20，30）	[0，20）
2	卫生、养老、教育、文化、体育等社区公共服务设施步行 15 分钟覆盖率（%）	5 分钟可达	10 分钟可达	15 分钟可达
3	住房使用率（%）	[85，100）	[60，85）	[0，60）
4	居住区公共绿地率（%）	[30，100）	[20，30）	[0，20）
5	居住区清洁能源利用率（%）	[30，100）	[20，30）	[0，20）

续表

序号	评价指标	优良	一般	较差
6	新建绿色建筑比例 / 既有建筑绿色化改造比例（%）	[30，100）	[20，30）	[0，20）
7	生活垃圾回收利用率（%）	[70，100）	[50，70）	[0，50）
8	生活污水处理率（%）	[80，100）	[60，80）	[0，60）

①公园绿地、广场步行 5 分钟覆盖率

指标定义：指以居住区为中心步行 5 分钟范围内是否有公园绿地和广场。

计算公式：居住区向外拓展 5 分钟步行距离之后，判断该范围内是否有公园及开敞空间。

数据来源：发展改革部门、城市住建部门、城市园林绿化部门和统计年鉴。

评价标准：依照《城市居住小区公共配套服务设施管理规定》确定公园及步行广场等开敞空间的评价数值范围。

②卫生、养老、教育、文化、体育等社区公共服务设施步行 15 分钟覆盖率

指标定义：指以居住区为中心步行 15 分钟范围内是否有卫生、养老、教育、文化、体育等社区公共服务设施。

计算公式：居住区向外拓展 15 分钟步行距离之后，判断该范围内是否有卫生、养老、教育、文化、体育等社区公共服务设施。

数据来源：发展改革部门、城市住建部门、城市园林绿化部门和统计年鉴。

评价标准：依照《绿色住区标准》确定 15 分钟生活圈居住区配套设施，并提出绿色低碳化引导。

③住房使用率

指标定义：指房屋的使用面积与建筑面积的比例，是衡量物业使用效率的有效指标。

计算公式：住房使用率 = 使用面积 ÷ 建筑面积。

数据来源：发展改革部门、城市住建部门等行政主管部门以及房屋管理局等。

评价标准：依照《城市居住小区公共配套服务设施管理规定》计算，依照低碳住区相关标准确定住房使用率的评价范围。

④居住区公共绿地率

指标定义：指居住区范围内各类绿地的面积占总面积的比例。

计算公式：居住区公共绿地率 = 居住区绿地面积 ÷ 居住区用地总面积 ×100%。

数据来源：建筑总面积数据来源于统计年鉴或行政主管部门，居住用地数据来源于全国国土调查及其年度变更调查中的城镇住宅用地统计。

评价标准：依照《居住区绿地标准》确定居住区公共绿地率的评价范围。

⑤居住区清洁能源利用率

指标定义：指居住区中太阳能、风能等清洁能源的使用比例。

计算公式：居住区清洁能源利用率 = 居住区清洁能源使用量 ÷ 居住区能源消耗总量 ×100%。

数据来源：统计年鉴和行政主管部门。

评价标准：依照《生态城市规划指标体系》确定居住区清洁能源利用率的评价范围。

⑥新建绿色建筑比例 / 既有建筑绿色化改造比例

指标定义：新建绿色建筑比例指新建绿色建筑占新建民用建筑的比重。既有建筑绿色化改造比例指实行绿色化改造的建筑占既有建筑的比重。

计算公式：新建绿色建筑比例 = 新建绿色建筑数量 ÷ 新建建筑数量 ×100%；既有建筑绿色化改造比例 = 既有建筑绿色化改造数量 ÷ 既有建筑数量 ×100%。

数据来源：发展改革部门、城市住建部门等行政主管部门。

评价标准：依照《生态城市规划指标体系》确定居住区新建绿色建筑比例 / 既有建筑绿色化改造比例的评价范围。

⑦生活垃圾回收利用率

指标定义：指城镇经生物、物理、化学转化后作为二次原料的生活垃圾处理量占生活垃圾产生总量的比率。

计算公式：生活垃圾回收利用率＝生活垃圾回收利用量 ÷ 生活垃圾产生总量 ×100%。

数据来源：统计年鉴、发展改革部门、城市住建部门及生态环境部门。

评价标准：依照《生态城市建设指标体系》确定生活垃圾回收利用率的评价范围。

⑧生活污水处理率

指标定义：指经过处理的生活污水占生活污水排放总量的比例。

计算公式：生活污水处理率＝经过处理的生活污水 ÷ 生活污水排放总量 ×100%。

数据来源：统计年鉴、发展改革部门、城市住建部门及环境统计业务系统。

评价标准：依照《2018 年中国城市污水处理市场分析报告——行业深度调研与发展前景研究》确定生活污水处理率的评价数值范围。

（3）道路与交通设施用地的碳强度控制区判断依据（表 6–3）

表 6–3　道路与交通设施用地的碳强度控制区判断依据

序号	评价指标	优良	一般	较差
1	公交线路网密度（km/km^2）	[3，4）	[2，3）	[0，2）
2	慢性道路网密度（km/ km^2）	[9，+ ∞）	[5，9）	[0，5）
3	新能源汽车比例（%）	[80，100）	[60，80）	[0，60）
4	生态停车场比例（%）	[20，100）	[10，20）	[0，10）
5	林荫道比例（%）	[70，100）	[60，70）	[0，60）

①公交线路网密度

指标定义：公交线路网密度反映居民出行接近线路的程度，是公共交通服务水平评价的重要指标。

计算公式：公交线路网密度（km/km^2）= 公共交通线路的道路中心线总长度（km）÷ 城市建设用地面积（km^2）。

数据来源：统计年鉴、交通调查资料及交通行政主管部门。

评价标准：依照《城市道路交通规划设计规范》确定公交线路网密度这一指标的取值范围（主城区公交线路网密度要求为 3~4 km/km^2，县域公交线路网密度要求为 2~2.5 km/km^2）。

②慢性道路网密度

指标定义：慢性道路网密度指单位面积内的慢性道路长度。

计算公式：慢性道路网密度（km/km^2）= 慢性道路中心线总长度（km）÷ 城市建设用地面积（km^2）。

数据来源：统计年鉴、交通调查资料及交通行政主管部门。

评价标准：依照《绿色建筑集中示范转型规划（2016—2030 年）》确定慢性道路网密度的评价范围。

③新能源汽车比例

指标定义：指新能源汽车占汽车保有总量的比例。使用新能源汽车可以降低交通碳排放。

计算公式：新能源汽车比例 = 新能源汽车保有量 ÷ 汽车保有总量 ×100%。

数据来源：统计年鉴、交通调查资料及交通行政主管部门。

评价标准：依照《新能源汽车产业发展规划》确定新能源汽车比例的评价范围。

④生态停车场比例

指标定义：生态停车场指周围有绿化和高承载力的停车场。生态停车场比例表示生态停车场数量占所有停车场数量的比例。

计算公式：生态停车场比例 = 生态停车场数量 ÷ 所有停车场数量 ×100%。

数据来源：统计年鉴、交通调查资料及住建、交通行政主管部门。

评价标准：依照《生态停车场设计》确定生态停车场比例的评价范围。

⑤林荫道比例

指标定义：指达到林荫道标准的人行道和自行车道长度占人行道和自行车道总长度的比例。

计算公式：林荫道比例 = 达到林荫道标准的人行道和自行车道长度 ÷ 人行道和自行车道的总长度 ×100%。

数据来源：统计年鉴、交通调查资料及住建、交通行政主管部门。

评价标准：依照《国家园林城市指标》确定林荫道比例的评价范围。

6.3.2 低碳优化区

（1）公共管理与公共服务设施用地的低碳优化区判断依据（表 6-4）

表 6-4 公共管理与公共服务设施用地的低碳优化区判断依据

序号	评价指标	优良	一般	较差
1	清洁能源利用率（%）	[20，100）	[10，20）	[0，10）
2	新建绿色建筑比例 / 既有建筑绿色化改造比例（%）	[30，100）	[20，30）	[0，20）
3	生态停车场比例（%）	[20，100）	[10，20）	[0，10）
4	林荫道比例（%）	[70，100）	[60，70）	[0，60）

①清洁能源利用率

指标定义：指公共管理与公共服务设施用地中太阳能、风能等清洁能源的使用比例。

计算公式：清洁能源利用率 = 居住区清洁能源使用量 ÷ 居住区能源消耗总量 ×100%。

数据来源：统计年鉴、住建部门和发展改革部门。

评价标准：依照《生态城市规划指标体系》确定居住区清洁能源利用率的评价范围。

②新建绿色建筑比例 / 既有建筑绿色化改造比例

指标定义：新建绿色建筑比例指新建绿色建筑占新建民用建筑的比重。既有建筑绿色化改造比例指实行绿色化改造的建筑占既有建筑的比重。

计算公式：新建绿色建筑比例 = 新建绿色建筑数量 ÷ 新建建筑数量 ×100%；既有建筑绿色化改造比例 = 既有建筑绿色化改造数量 ÷ 既有建筑数量 ×100%。

数据来源：统计年鉴、住建部门和发展改革部门。

评价标准：依照《生态城市规划指标体系》确定居住区新建绿色建筑比例 / 既有建筑绿色化改造比例的评价范围。

③生态停车场比例

指标定义：生态停车场是一种高绿化和高承载的停车场。生态停车场的设计特点主要是高绿化、高承载、透水性能好、草的成活率高，生态停车场比例表示生态停车场数量占所有停车场数量的比例。

计算公式：生态停车场比例 = 生态停车场数量 ÷ 所有停车场数量 ×100%。

数据来源：统计年鉴、交通调查资料及住建、交通行政主管部门。

评价标准：依照《生态停车场设计》确定生态停车场比例的评价范围。

④林荫道比例

指标定义：指达到林荫道标准的人行道和自行车道长度占人行道和自行车道总长度的比例。

计算公式：林荫道比例 = 达到林荫道标准的人行道和自行车道长度 ÷ 人行道和自行车道的总长度 ×100%。

数据来源：统计年鉴、交通调查资料及住建、交通行政主管部门。

评价标准：依照《国家园林城市指标》确定林荫道比例的评价范围。

（2）商业服务设施用地的低碳优化区判断依据（表 6–5）

表 6–5　商业服务设施用地的低碳优化区判断依据

序号	评价指标	优良	一般	较差
1	商业空间利用率（%）	[90，100）	[80，90）	[0，80）
2	建筑新能源比例（%）	[20，100）	[10，20）	[0，10）
3	新建绿色建筑比例 / 既有建筑绿色化改造比例（%）	[30，100）	[20，30）	[0，20）

①商业空间利用率

指标定义：商业建筑中商业开发利用的面积占总建筑面积的比例，商业空间使用率表示商业用地的使用效率。

计算公式：商业空间利用率 = 商业建筑中已经开发利用的总面积 ÷ 总建筑面积 ×100%。

数据来源：统计年鉴、发展改革部门和城市住建部门。

评价标准：依照《绿色商店建筑评价标准》确定绿色措施和预期效果，确定商业空间利用率的评价范围。

②建筑新能源比例

指标定义：指建筑供能使用的新能源的比重。

计算公式：建筑新能源比例 = 新能源使用量 ÷ 所有能源使用量 ×100%。

数据来源：统计年鉴、发展改革部门、城市住建部门及环境统计业务系统。

评价标准：依照《生态城市规划指标体系》确定居住区建筑新能源比例的评价范围。

③新建绿色建筑比例 / 既有建筑绿色化改造比例

指标定义：新建绿色建筑比例指新建绿色建筑占新建民用建筑的比重。既有建筑绿色化改造比例指实行绿色化改造的建筑占既有建筑的比重。

计算公式：新建绿色建筑比例 = 新建绿色建筑数量 ÷ 新建建筑数量 ×100%；既有建筑绿色化改造比例 = 既有建筑绿色化改造数量 ÷ 既有建筑数量 ×100%。

数据来源：统计年鉴、住建部门和发展改革部门。

评价标准：依照《生态城市规划指标体系》确定居住区新建绿色建筑比例 / 既有建筑绿色化改造比例的评价范围。

（3）物流仓储用地的低碳优化区判断依据（表 6–6）

表 6–6　物流仓储用地的低碳优化区判断依据

序号	评价指标	优良	一般	较差
1	单位空间建筑能耗（吨标准煤 /m²）	（0，0.85]	（0.85，1.6]	（1.6，+ ∞）
2	建筑新能源比例（%）	[20，100）	[10，20）	[0，10）
3	生态停车场比例（%）	[20，100）	[10，20）	[0，10）

①单位空间建筑能耗

指标定义：单位空间建筑能耗指单位建筑面积上所消耗的能量。

计算公式：单位空间建筑能耗 =（水、电、气、热等）折算为标准煤的总量 ÷ 建筑面积（m^2）。

数据来源：统计年鉴和住建部门、发展改革部门等行政主管部门。

评价标准：依照《建筑给水排水设计标准》及《办公建筑设计标准》确定范围。

②建筑新能源比例

指标定义：指建筑供能使用的新能源的比重。

计算公式：建筑新能源比例 = 新能源使用量 ÷ 所有能源使用量 ×100%。

数据来源：统计年鉴、发展改革部门和城市住建部门。

评价标准：依照《生态城市规划指标体系》确定居住区建筑新能源比例的评

价范围。

③生态停车场比例

指标定义：生态停车场是一种高绿化和高承载的停车场。生态停车场的设计特点主要是高绿化、高承载、透水性能好、草的成活率高，生态停车场比例表示生态停车场数量占所有停车场的比例。

计算公式：生态停车场比例 = 生态停车场数量 ÷ 所有停车场数量 ×100%。

数据来源：发展改革部门、城市住建部门及环境统计业务系统。

评价标准：依照《生态停车场设计》确定生态停车场比例的评价范围。

（4）公用设施用地和其他建设用地的低碳优化区判断依据（表 6–7）

表 6–7 公用设施用地和其他建设用地的低碳优化区判断依据

序号	评价指标	优良	一般	较差
1	再生水利用率（%）	[45,100）	[30,45）	[0,30）
2	固体废弃物填埋率（%）	[0,10）	[10,15）	[15,+ ∞）
3	单位空间建筑能耗（吨标准煤 /m^2）	（0,0.85]	（0.85,1.6]	（1.6,+ ∞）

①再生水利用率

指标定义：再生水主要是指对经过或未经过污水处理厂处理的收纳雨水、工业排水、生活排水进行适当处理，使之达到规定水质标准，可被再次利用的水。

计算公式：再生水利用率 = 再生水利用量 ÷ 污水排放量 ×100%。

数据来源：统计年鉴、园林绿化部门、住建部门和发展改革部门。

评价标准：依照低碳试点城市《再生水利用规划》确定再生水利用率的评价范围。

②固体废弃物填埋率

指标定义：指填埋处理的固体废弃物占所产生的固体废弃物总量的比例。

计算公式：固体废弃物填埋率 = 填埋处理的固体废弃物 ÷ 固体废弃物产生总量 ×100%。

数据来源：统计年鉴、园林绿化部门、住建部门和发展改革部门。

评价标准：依照《中华人民共和国固体废弃物污染环境防治法》确定固体废弃物填埋率的评价范围。

③单位空间建筑能耗

指标定义：单位空间建筑能耗指单位建筑面积上所消耗的能量。

计算公式：单位空间建筑能耗 =（水、电、气、热等）折算为标准煤的总量 ÷ 建筑面积（m^2）。

数据来源：统计年鉴、园林绿化部门、住建部门和发展改革部门。

评价标准：依照《建筑给水排水设计标准》及《办公建筑设计标准》确定范围。

6.3.3 碳平衡区

（1）农林用地的碳平衡区判断依据（表 6-8）

表 6-8　农林用地的碳平衡区判断依据

序号	评价指标	优良	一般	较差
1	秸秆综合利用率（%）	[90，100）	[80，90）	[0，80）
2	农用塑料薄膜回收率（%）	[90，100）	[80，90）	[0，80）

①秸秆综合利用率

指标定义：指综合利用的秸秆数量占秸秆总量的比例。秸秆的综合利用包括秸秆气化、饲料、秸秆还田、编织等。

计算公式：秸秆综合利用率＝综合利用的秸秆数量 ÷ 农村秸秆总量 ×100%。

数据来源：统计年鉴、农业农村行政部门和生态环境部门。

评价标准：依照《生态县、生态市、生态省建设指标（试行）》确定秸秆综合利用率评价范围。

②农用塑料薄膜回收率

指标定义：指农业生产活动中所用塑料薄膜（如用于育种、育苗、覆盖土地、塑料大棚、蘑菇生产等的塑料薄膜及塑料膜）回收的数量占所用薄膜总量的比例。

计算公式：农用塑料薄膜回收率＝回收薄膜总量 ÷ 使用薄膜总量 ×100%。

数据来源：统计年鉴、农业农村行政部门和生态环境部门。

评价标准：依照《生态县、生态市、生态省建设指标（试行）》确定农用塑料薄膜回收率评价范围。

（2）绿地与开敞空间用地的碳平衡区判断依据（表 6-9）

表 6-9 绿地与开敞空间用地的碳平衡区判断依据

序号	评价指标	优良	一般	较差
1	绿地率（%）	[35，100）	[20，35）	[0，20）
2	步行 5 分钟可覆盖面积比例（%）	[30，100）	[20，30）	[0，20）
3	乔木占乔灌草比重（%）	[40，100）	[30，40）	[0，30）

①绿地率

指标定义：指建成区内各类绿化用地总面积占城市建成区总面积的比例。

计算公式：绿地率＝绿地面积 ÷ 建成区总面积 ×100%。

数据来源：建成区用地数据来源于全国国土调查及其年度变更调查中的城镇建成区用地统计，绿地面积数据来源于全国国土调查及其年度变更调查中的公园与绿地统计。

评价标准：依照《国家园林城市指标》确定公共绿地、生产绿地、防护绿地的比重范围。具体计算时，公共绿地包括公共人工绿地、天然绿地以及机关、企事业单位绿地。

②步行 5 分钟可覆盖面积比例

指标定义：以该绿地与开敞空间为中心步行 5 分钟所覆盖的面积占建成区总面积的比重。该指标反映绿地与开敞空间的可达性。

计算公式：步行 5 分钟可覆盖面积比例 = 以绿地与开敞空间为中心步行 5 分钟所覆盖的面积 ÷ 建成区的总面积 ×100%。

数据来源：建成区用地数据来源于全国国土调查及其年度变更调查中的城镇建成区用地统计。

评价标准：依照《国家园林城市指标》确定的比重评价范围。

③乔木占乔灌草比重

指标定义：乔木占乔灌草比重指乔木绿化面积与乔木、灌木及草地总面积的比例。

计算公式：乔木占乔灌草比重 = 乔木绿化面积 ÷ 乔灌草总面积 ×100%。

数据来源：城建部门、全国国土调查及其年度变更调查、地理国情普查（监测）、遥感监测等。

评价标准：依照《国家园林城市指标》确定乔木占乔灌草比重评价范围。

6.3.4 碳汇功能区

（1）湿地的碳汇功能区判断依据（表 6-10）

表 6-10 湿地的碳汇功能区判断依据

序号	评价指标	优良	一般	较差
1	乔木占乔灌草比重（%）	[40，100）	[30，40）	[0，30）
2	水环境功能区水质达标率（%）	[95，100）	[85，95）	[0，85）
3	雨水利用率（%）	[80，100）	[70，80）	[0，70）
4	再生水利用率（%）	[45，100）	[30，45）	[0，30）

①乔木占乔灌草比重

指标定义：乔木占乔灌草比重指乔木绿化面积与乔木、灌木及草地总面积的比例。

计算公式：乔木占乔灌草比重 = 乔木绿化面积 ÷ 乔灌草总面积 ×100%。

数据来源：城建部门、全国国土调查及其年度变更调查、地理国情普查（监测）、遥感监测等。

评价标准：依照《国家园林城市指标》确定乔木占乔灌草比重范围。

②水环境功能区水质达标率

指标定义：指辖区地表水环境质量达到相应功能水体要求的比率。

计算公式：水环境功能区水质达标率 = 水环境功能区水质达到水质国标的量（河长、面积）÷ 区域内水环境功能区评价总量（总河长、总面积）×100%。

数据来源：水资源公报和水务统计年鉴。

评价标准：依照《重点流域水污染防治规划（2016—2020 年）》确定水环境功能区水质达标率这一指标的评价范围。

③雨水利用率

指标定义：雨水利用率指雨水收集并用于道路浇洒、园林绿地灌溉、市政杂用、工农业生产、冷却等的雨水总量与年均降水量的比值。

计算公式：雨水利用率 = 收集并利用的雨水量 ÷ 降水总量 ×100%。

数据来源：水资源公报和水务统计年鉴。

评价标准：依照低碳试点城市的相关数据确定雨水利用率这一指标的评价范围。

④再生水利用率

指标定义：再生水主要是指对经过或未经过污水处理厂处理的收纳雨水、工业排水、生活排水进行适当处理，使之达到规定水质标准，可被再次利用的水。

计算公式：再生水利用率 = 再生水利用量 ÷ 污水排放总量 ×100%。

数据来源：水资源公报和水务统计年鉴。

评价标准：依照低碳试点城市《再生水利用规划》确定再生水利用率这一指标的评价范围。

（2）自然保护区的碳汇功能区判断依据（表 6-11）

表 6-11　自然保护区的碳汇功能区判断依据

序号	评价指标	优良	一般	较差
1	乔木占乔灌草比重（%）	[40，100）	[30，40）	[0，30）
2	自然保护区与保留用地面积增长率（%）	[20，100）	[10，20）	[0，10）

①乔木占乔灌草比重

指标定义：乔木占乔灌草比重指乔木绿化面积和乔木、灌木及草地总面积的比例。

计算公式：乔木占乔灌草比重 = 乔木绿化面积 ÷ 乔灌草总面积 ×100%。

数据来源：城建部门、全国国土调查及其年度变更调查、地理国情普查（监测）、遥感监测等。

评价标准：依照《国家园林城市指标》确定乔木占乔灌草比重评价范围。

②自然保护区与保留用地面积增长率

指标定义：表示自然保护区与保留用地的面积变化情况。

计算公式：自然保护区与保留用地面积增长率 =（规划期自然保护区与保留用地面积 – 基期自然保护区与保留用地面积）÷ 基期自然保护区与保留用地面积 × 100%。

数据来源：采用全国国土调查及其年度变更调查、地理国情普查（监测）、遥感监测等数据。

评价标准：依照《生态县、生态市、生态省建设指标（试行）》以确定该指标的评价范围。

6.4 评定标准及评定分级

6.4.1 评定标准

对于多指标评价体系，需要确定合理的评价指标区间分值，为下一步指标评价提供依据。根据各评价指标的评价范围区间确定优良、一般、较差的评价等级，得分分别为 2.0、1.2、0.4（表 6-12）。

表 6-12　县域低碳空间布局指标等级确定

<table>
<tr><td colspan="2" rowspan="2">分区属性</td><td rowspan="2">评价指标</td><td>优良</td><td>一般</td><td>较差</td></tr>
<tr><td>2.0</td><td>1.2</td><td>0.4</td></tr>
<tr><td rowspan="25">碳强度控制区</td><td rowspan="7">工业用地</td><td>建筑系数(%)</td><td>[40,100)</td><td>[30,40)</td><td>[0,30)</td></tr>
<tr><td>土地产出率(万元/亩)</td><td>[450,+∞)</td><td>[300,450)</td><td>[0,300)</td></tr>
<tr><td>行业碳排放低碳化水平</td><td>一级</td><td>二级</td><td>三级</td></tr>
<tr><td>绿色工厂等级</td><td>国家级</td><td>省部级</td><td>市县级</td></tr>
<tr><td>工业固体废弃物综合利用率(%)</td><td>[85,100)</td><td>[60,85)</td><td>[0,60)</td></tr>
<tr><td>工业用水重复利用率(%)</td><td>[90,100)</td><td>[80,90)</td><td>[0,80)</td></tr>
<tr><td>单位 GDP 能耗(吨标准煤/万元)</td><td>(0,0.44]</td><td>(0.44,0.52]</td><td>(0.52,+∞)</td></tr>
<tr><td rowspan="9">居住用地</td><td>公园绿地、广场步行 5 分钟覆盖率(%)</td><td>[30,100)</td><td>[20,30)</td><td>[0,20)</td></tr>
<tr><td>卫生、养老、教育、文化、体育等社区公共服务设施步行 15 分钟覆盖率(%)</td><td>5 分钟可达</td><td>10 分钟可达</td><td>15 分钟可达</td></tr>
<tr><td>住房使用率(%)</td><td>[85,100)</td><td>[60,85)</td><td>[0,60)</td></tr>
<tr><td>居住区公共绿地率(%)</td><td>[30,100)</td><td>[20,30)</td><td>[0,20)</td></tr>
<tr><td>居住区清洁能源利用率(%)</td><td>[30,100)</td><td>[20,30)</td><td>[0,20)</td></tr>
<tr><td>新建绿色建筑比例/既有建筑绿色化改造比例(%)</td><td>[30,100)</td><td>[20,30)</td><td>[0,20)</td></tr>
<tr><td>生活垃圾回收利用率(%)</td><td>[70,100)</td><td>[50,70)</td><td>[0,50)</td></tr>
<tr><td>生活污水处理率(%)</td><td>[80,100)</td><td>[60,80)</td><td>[0,60)</td></tr>
<tr><td colspan="4" style="display:none"></td></tr>
<tr><td rowspan="5">道路与交通设施用地</td><td>公交线路网密度(km/km²)</td><td>[3,4)</td><td>[2,3)</td><td>[0,2)</td></tr>
<tr><td>慢性道路网密度(km/km²)</td><td>[9,+∞)</td><td>[5,9)</td><td>[0,5)</td></tr>
<tr><td>新能源汽车比例(%)</td><td>[80,100)</td><td>[60,80)</td><td>[0,60)</td></tr>
<tr><td>生态停车场比例(%)</td><td>[20,100)</td><td>[10,20)</td><td>[0,10)</td></tr>
<tr><td>林荫道比例(%)</td><td>[70,100)</td><td>[60,70)</td><td>[0,60)</td></tr>
<tr><td rowspan="4">低碳优化区</td><td rowspan="4">公共管理与公共服务设施用地</td><td>清洁能源利用率(%)</td><td>[20,100)</td><td>[10,20)</td><td>[0,10)</td></tr>
<tr><td>新建绿色建筑比例/既有建筑绿色化改造比例(%)</td><td>[30,100)</td><td>[20,30)</td><td>[0,20)</td></tr>
<tr><td>生态停车场比例(%)</td><td>[20,100)</td><td>[10,20)</td><td>[0,10)</td></tr>
<tr><td>林荫道比例(%)</td><td>[70,100)</td><td>[60,70)</td><td>[0,60)</td></tr>
</table>

续表

分区属性		评价指标	优良	一般	较差
			2.0	1.2	0.4
低碳优化区	商业服务设施用地	商业空间利用率(%)	[90,100)	[80,90)	[0,80)
		建筑新能源比例(%)	[20,100)	[10,20)	[0,10)
		新建绿色建筑比例 / 既有建筑绿色化改造比例(%)	[30,100)	[20,30)	[0,20)
	物流仓储用地	单位空间建筑能耗(吨标准煤 /m²)	(0,0.85]	(0.85,1.6]	(1.6,+ ∞)
		建筑新能源比例(%)	[20,100)	[10,20)	[0,10)
		生态停车场比例(%)	[20,100)	[10,20)	[0,10)
	公用设施用地和其他建设用地	再生水利用率(%)	[45,100)	[30,45)	[0,30)
		固体废弃物填埋率(%)	[0,10)	[10,15)	[15,+ ∞)
		单位空间建筑能耗(吨标准煤 /m²)	(0,0.85]	(0.85,1.6]	(1.6,+ ∞)
碳平衡区	农林用地	秸秆综合利用率(%)	[90,100)	[80,90)	[0,80)
		农用塑料薄膜回收率(%)	[90,100)	[80,90)	[0,80)
	绿地与开敞空间用地	绿地率(%)	[35,100)	[20,35)	[0,20)
		步行 5 分钟可覆盖面积比例(%)	[30,100)	[20,30)	[0,20)
		乔木占乔灌草比重(%)	[40,100)	[30,40)	[0,30)
碳汇功能区	湿地	乔木占乔灌草比重(%)	[40,100)	[30,40)	[0,30)
		水环境功能区水质达标率(%)	[95,100)	[85,95)	[0,85)
		雨水利用率(%)	[80,100)	[70,80)	[0,70)
		再生水利用率(%)	[45,100)	[30,45)	[0,30)
	自然保护区	乔木占乔灌草比重(%)	[40,100)	[30,40)	[0,30)
		自然保护区与保留用地面积增长率(%)	[20,100)	[10,20)	[0,10)

6.4.2 评定分级

在县域低碳发展目标导向下，本研究提出空间布局的各项影响要素，研发优化设计准则，进而探究空间组合布局原则，制定出满足县域发展需求的低碳标准和实现差异化发展的规划准则与实施机制，探索一种以碳收支计量分析为纽带的县域低碳空间布局模式。通过以上打分系统对县域低碳空间布局测度的指标体系的评估结果进行分数加总确定。将县域低碳空间布局的结果分为 4 个级别，分别为：第一级，满足县域低碳空间布局，具备良好的发展态势；第二级，基本满足县域低碳空间布局，但仍有部分低碳空间布局存在不足；第三级，未能满足县域低碳空间布局，但可以通过一定的措施进行低碳空间布局优化；第四级，未能满足县域低碳空间布局（表 6-13）。

表 6-13　县域低碳空间布局级别评定

等级	分值范围	基本特征
第一级	$X \geqslant 85$	满足县域低碳空间布局，具备良好的发展态势
第二级	$70 \leqslant X < 85$	基本满足县域低碳空间布局，但仍有部分低碳空间布局存在不足
第三级	$50 \leqslant X < 70$	未能满足县域低碳空间布局，但可以通过一定的措施进行低碳空间布局优化
第四级	$X < 50$	未能满足县域低碳空间布局

6.5　技术流程及实施

6.5.1　县域低碳空间规划的评估流程

县域低碳空间布局测度及低碳空间规划的判断工作流程包括：制定工作方案、构建指标体系、收集资料、分析评价、编制成果、汇交成果、成果应用等。

（1）评估主体

县域低碳空间布局测度及低碳空间规划的判断工作主体为县（市）级人民政府。各省级自然资源厅负责对其所辖区域的县域低碳空间布局测度及低碳空间规划的判断开展审核和指导。各县（市）级人民政府每年结合规划实施的重点难点、突出问题和新发展要求，制定年度体检或五年评估工作方案，明确总体要求、主要任务、进度计划、责任分工、组织保障等内容，有序推动工作开展。

（2）分析评价

体检评估采用空间分析、差异对比、趋势研判、社会调查等方法，倡导大数据、人工智能等新技术、新方法的应用，对城市发展现状及规划实施效果进行分析和评价。推动县域国土空间规划“一张图”实施监督信息系统建设，将低碳空间布局的指标数据纳入信息系统，增强分析评价的智能化水平，使低碳空间布局工作的效能和信息系统建设得到同步提升。

（3）结果报批

低碳空间布局评估成果由评估报告及附件组成，报告应简明扼要、重点突出。县域低碳空间布局评估成果经县（市）级自然资源主管部门汇总，通过国土空间规划“一张图”实施监督信息系统在线汇交至省级自然资源厅。成果汇交后，应当形成公众版，适时将报告及附件中非涉密内容向社会公开。

（4）时间安排

县域低碳空间布局评估成果应用于规划编制实施、动态监测、评估预警与执法督察等工作中，支撑国民经济和社会发展规划及政府工作报告编制等综合事务决策。年度体检应当每年开展一次，五年评估原则上与国民经济和社会发展五年规划周期保持一致。开展五年评估的当年不单独进行年度体检。因重大战略实施或规划实施中的重大调整等确需体检评估的，可适时进行。

6.5.2　县域低碳空间规划的实施

（1）总体要求

对照县域低碳空间规划确定的总体目标和阶段目标，重点监测规划约束性指标和强制性内容的执行情况，科学评估规划实施绩效。研究采取全局数据与典型案例结合、纵向比较与横向比较结合、客观评估与主观评价结合等分析方法，对各项指标现状年与基期年、目标年或未来预期进行比照，分析规划实施率等进展情况。同时结合政府重点工作实施情况、自然资源保护和开发利用、相关政策执行和实施效果、外部发展环境及其对规划实施的影响等，开展成效—问题—原因—对策分析。

（2）底线管控

分析耕地和永久基本农田、生态保护红线、城镇开发边界、地质洪涝灾害、文化遗产保护等底线管控以及全域约束性自然资源保护（包含山、水、林、田、湖、草、沙、海等全要素）目标落实等方面的县域低碳空间布局。研究更要着力发现城市在国土生态安全、资源节约集约利用、国土空间开发保护、民生保障、实施时序、政策配套等方面的突出矛盾及问题，从规模、结构、布局、质量、效率等多角度查找产生问题的原因。

（3）实施保障

开展县域低碳空间布局评估要紧密对接国土空间规划，明晰工作内容，夯实工作载体，明确责任分工，强化实时监测、定期评估和动态维护的统筹衔接、互动支撑和全过程管理，形成贯穿规划编制、任务分解、体检评估、督查问责、反馈落实的规划全周期管理实施机制。以评估成果反映的问题和需求，作为规划编制改进、深化实施和适时调整的重要依据，为国土空间低碳规划实施监管提供支撑。

6.6 本章小结

本章基于低碳发展目标和碳平衡分区确定县域空间优化目标、评价指标与判断依据，明确了县域低碳空间规划的评估流程。结合碳平衡分区的演化分析和情景模拟结论，对县域“点—线—面”等3个空间尺度进行优化，即在点源尺度上通过工艺改造、技术升级、结构调整实现碳排放强度和总量的降低；在线源尺度上通过交通组织优化、出行方式优化实现县域出行碳排放强度的降低；在面源尺度上通过产业布局调整、用地转换控制、用地结构优化等实现空间碳排放强度的降低，进而促进碳收支在空间尺度上平衡水平的提高，在低碳发展目标下实现县域生产、生活和生态空间的有机协调，提升县域空间利用水平。

第 7 章

研究结论与展望

7.1 研究结论

根据 IPCC 国家温室气体清单指南和国内外最新研究成果，本研究从碳源和碳汇两个方面系统梳理并构建了县域碳排放和碳汇核算清单，并基于点源、线源和面源数据，结合自上而下和自下而上的方法，构建县域尺度碳排放核算体系。碳排放核算清单包括能源活动，工业过程和产品使用，农业、林业和其他土地利用，废弃物等 4 个部分，碳汇核算清单包括林地、草地、水域和耕地等 4 个部分。在碳排放和碳汇核算清单的基础上，本研究系统总结了符合中国实际的碳排放各部分的核算方法和核算系数，创新性地提出从城镇开放空间和乡村生态空间两个维度对县域空间碳汇进行核算，并结合国内外最新权威研究成果，系统梳理总结了 4 个方面 12 种土地利用类型的碳汇系数，为县域碳排放和碳汇核算奠定了方法论基础。

本研究基于县域碳排放核算清单和方法体系，系统全面地核算了浙江省长兴县、四川省金堂县、河北省武安市和甘肃省庆城县 2008—2017 年的碳排放量；基于碳汇核算清单，通过解译中高分辨率遥感影像得到 4 个示范县（市）2008 年、2012 年和 2017 年的高精度、多类型的土地利用数据，并核算出 4 个县（市）的碳汇量。核算结果如下。①长兴县碳排放经历了先降后升的过程，工业能耗和工业过程碳排放量占碳排放总量的 93% 以上，并呈现下降的特征；金堂县碳排放经历了先升后降的过程，已于 2011 年实现碳达峰，工业能耗和工业过程碳排放量占碳排放总量的 77% 以上，并呈现先升后降的特征；武安市碳排放呈现出逐年增长的特征，工业能耗和工业过程碳排放量占碳排放总量的 90% 以上，并经历了先降后升的过程；庆城县碳排放经历了波动下降的过程，第二产业碳排放量占碳排放总量的比重平均在 53% 以上，并呈现波动下降的特征。②长兴县和金堂县的单位 GDP 碳排放强度和工业碳排放强度呈现出波动下降的特征；武安市和庆城县的单位 GDP 碳排放强度和工业碳排放强度呈先降后升的特征，武安市主要受碳排放快速增长的影响，庆城县则受经济波动下滑的影响。4 个县（市）农业碳排放强度均呈现出下降的特征，在碳排放空间强度方面，武安市最高，长兴县和金堂县次之，庆城县最低；在人均碳排放强度方面武安市最高，长兴县和庆城县次之，金堂县最低。③长兴县、金堂县、武安市和庆城县的碳汇总量总体呈现下降趋势，城镇开放空间碳汇量下降较为明显。

根据碳排放源（包括点源、线源和面源）计算的碳排放空间数据、空间网格数据、道路网络和土地利用数据，基于 ArcGIS 10.7 软件，通过数据核查，利用相交、空间连接等叠加分析工具，得到碳排放空间网格数据，实现了碳排放的空间表达。在碳排放空间数据的基础上，对不同大小的网格数据进行尺度效应分析和信息损失评价，研究结果表明县域尺度碳排放空间化的最佳分辨率为 200 m × 200 m。基于县域尺度最佳分辨率，我们构建了 2008—2017 年长兴县、金堂县、武安市和庆城县 200 m × 200 m 的碳排放和碳汇空间数据集，并在此基础上进一步分析了 4 个县（市）的碳排放和碳汇时空格局。长兴县碳排放时空格局经历了由“大分散、小聚集”到向县城区、主要乡镇和工业园区以及主要交通线路集中的特征，碳汇区则呈现收缩特征。金堂县碳排放时空格局经历了向县城和重要乡镇集中的过程，形成了县城和淮州新城碳排放“双核”空间格局，碳汇区域和总量呈双下降趋势。武安市碳排放的空间格局总体上呈现出集聚与扩张并存的特征，中部地区碳汇较少，碳汇面积呈现递减趋势。庆城县碳排放时空格局呈现出向县城区和重要乡镇集中的特征，由于退耕还林和封山禁牧等生态保护政策的实施，草地碳汇呈增加趋势。

本研究在碳源和碳汇空间化的基础上，构建了县域碳平衡分区域理论框架、评价指标和划分标准，根据碳补偿率和地均碳排放强度，将县域空间划分为碳强度控制区、低碳优化区、碳平衡区和碳汇功能区，并分析了 4 个县（市）碳平衡分区的时空演化特征，碳强度控制区和低碳优化区变化最为显著，碳强度控制区主要分布在城镇、工矿区和交通沿线；碳平衡区和碳汇功能区变化较小，碳平衡区主要分布在农林交错地带，碳汇功能区主要分布在林草覆被区域。在分析 4 个县（市）碳平衡分区时空演变的基础上，利用 FLUS 模型，选取了影响碳平衡分区社会经济和自然方面的 10 个驱动因子，模拟出了基准情景、强化情景、渐进情景下 2030 年碳平衡分区的空间分布格局。长兴县和庆城县碳强度控制区的变化最为明显，其次为低碳优化区，碳汇功能区和碳平衡区变化不明显；金堂县碳平衡区的变化最为显著，其次为低碳优化区、碳强度控制区、碳汇功能区；武安市碳汇功能区的变化最为明显，其次为碳强度控制区、低碳优化区、碳平衡区。

本研究基于低碳发展目标和碳平衡分区确定县域空间优化目标、不同碳平衡分区和土地利用类型的评价指标与判断依据，制定了评定标准与评定分级，明确了县域低碳空间规划的评估流程。通过对既有空间结构、生产结构、生活方式进行改变与调整，促进碳排放强度、人均碳排放强度和地均碳排放强度的降低，有效提高碳汇功能区的碳汇能力，实现县域空间利用的生产、生活和生态等目标。根据县域空间优化的内涵，结合碳平衡分区的演化分析和情景模拟结论，对县域空间“点—线—面”等 3 个空间尺度进行优化，即在点源尺度上通过工艺改造、技术升级、结构调整实现碳排放强度和总量的降低；在线源尺度上通过交通组织优化、出行方式优化实现县域出行碳排放强度的降低；在面源尺度上通过产业布局调整、用地转换控制、用地结构优化等实现空间碳排放强度的降低，进而促进碳收支在空间尺度上平衡水平的提高。通过“点—线—面”三位一体的协同控制，在低碳发展目标下实现县域生产、生活和生态空间的有机协调，提升县域空间利用水平。

7.2 研究展望

由于项目研究任务和研究区域所限，研究区域仅选取了全国 4 种类型区的 4 个典型县（市）作为研究和应用示范，即江南水乡的长兴县、西南山地的金堂县、华北平原的武安市和黄土高原的庆城县。由于鲜有公开的县级数据而且数据获取难度高、工作量大，目前关于大尺度的县级碳排放研究多基于省级碳排放量进行自上而下地分解估算，典型的研究成果（Chen et al.， 2020）是基于 PSO-BP 算法，利用 DMSP/OLS 和 NPP/VIIRS 夜间灯光数据，自上而下分解估算了中国 2 735 个县 1997—2017 年的二氧化碳排放量，这项研究成果发表在 *Nature* 子刊 *Scientific Data* 上。关于县级碳排放核算的研究目前仅局限于小范围之内，大范围的县域尺度碳排放清单核算及相关研究目前尚未开展，在中国 2030 年前实现碳达峰和 2060 年前实现碳中和的双碳目标背景下，进一步开展大范围县域尺度碳排放核算的基础研究具有重要的理论和现实意义及应用价值。

目前关于碳汇的研究大多是全球、全国或省域等大尺度的，县域碳汇的研究较少。县域尺度的碳汇研究将有助于摸清县域碳汇本底，有针对性地制定县域增汇减排方案，优化土地利用方式，提高土地利用效率，促进县域绿色低碳发展。由于碳汇受植被、海拔、气温、降水和人类活动等多重因素的影响，每个地方的碳汇类型、碳汇速率有很大的差异，下一步需要针对不同类型的县域进行分类研究。同时，碳汇类型多样，本研究依据土地利用变化，仅研究了耕地、林地、草地和水域的碳汇，关于工业碳汇如水泥、混凝土的固碳作用及固碳速率等方面还需要进一步展开深入研究，此外，开展黄土高原弱碱性土对固碳的影响研究也将会进一步拓宽县域碳汇研究的领域。

在快速城镇化和工业化背景下，碳循环不再单纯是一个自然过程，越来越多的人类活动干预这一自然过程，使碳循环变成了一个复杂的“自然—社会”过程，随着研究的持续深入，学科交叉是必然趋势，而且当前大量的研究成果也证实了这一态势。大气科学、环境科学、地质学、地理学、城乡规划学、经济学、管理学、社会学等多学科的融合与交叉对碳中和研究和低碳发展具有重要作用，在进一步深入挖掘碳循环和碳平衡机理与过程的同时，推动低碳规划、低碳经济、低碳管理、低碳工程和低碳行为等相关研究的进一步深化，推动成果转化和应用具有广阔前景，同时对建设低碳社会、实现碳中和以及绿色发展也具有深远意义。

参考文献

[1] ANDRES R J， MARLAND G， FUNG I， et al，1996. A 1° × 1° distribution of carbon dioxide emissions from fossil fuel consumption and cement manufacture，1950-1990[J]. Global Biogeochemical Cycles，10（3）：419-429.

[2] CAI B，WANG X，HUANG G，et al，2018. Spatiotemporal changes of China's carbon emissions[J]. Geophysical Research Letters，45（16）：8536-8546.

[3] CHEN J，GAO M，CHENG S，et al，2020. County-level CO_2 emissions and sequestration in China during 1997-2017[J]. Scientific Data，7（1）：391.

[4] CHMURA G L，ANISFELD S C，CAHOON D R，et al，2003. Global carbon sequestration in tidal，saline wetland soils[J]. Global Biogeochemical Cycles，17（4）：1111.

[5] CIAIS P，PARIS J D，MARLAND G，et al，2010a. The European carbon balance. Part 1：fossil fuel emissions[J]. Global Change Biology，16（5）：1395-1408.

[6] CIAIS P，WATTENBACH M，VUICHARD N，et al，2010b. The European carbon balance. Part 2：croplands[J]. Global Change Biology，16（5）：1409-1428.

[7] CUI R Y，HULTMAN N，CUI D，et al，2021. A plant-by-plant strategy for high-ambition coal power phaseout in China[J]. Nature Communications，12（1）：1468.

[8] CUSACK D F，AXSEN J，SHWOM R，et al，2014. An interdisciplinary assessment of climate engineering strategies[J]. Frontiers in Ecology and the Environment，12（5）：280-287.

[9] DIXON R K，BROWN S，HOUGHTON R A，et al，1994. Carbon pools and flux of global forest ecosystems[J]. Science，263（5144）：185-190.

[10] DUAN H B，ZHOU S，JIANG K J，et al，2021. Assessing China's efforts to pursue the 1.5 ℃ warming limit[J]. Science，372（6540）：378-385.

[11] FANG J，YU G，LIU L，et al，2018. Climate change，human impacts，and carbon

sequestration in China[J]. Proceedings of the National Academy of Sciences of the United States of America, 115（16）: 4015-4020.

[12] GE Q, LIU H, ZHENG J, et al, 2010. Reconstructing temperature change in Central East China during 601-920 AD[J]. Chinese Science Bulletin, 55（34）: 3944-3949.

[13] GUAN D, MENG J, REINER D M, et al, 2018. Structural decline in China's CO_2 emissions through transitions in industry and energy systems[J]. Nature Geoscience, 11（8）: 551-555.

[14] GUO R, CAO X, YANG X, et al, 2010. The strategy of energy-related carbon emission reduction in Shanghai[J]. Energy Policy, 38（1）: 633-638.

[15] GUO Z, HU H, LI P, et al, 2013. Spatio-temporal changes in biomass carbon sinks in China's forests from 1977 to 2008[J]. Science China（Life Sciences）, 56（7）: 661-671.

[16] HUANG P, ZENG S, LONG Z, 2019. Research on spatial-temporal evolution of industrialization quality and high-quality development path in Western China[J]. China Population, Resources and Environment, 29（8）: 50-58.

[17] HUISINGH D, ZHANG Z, MOORE J C, et al, 2015. Recent advances in carbon emissions reduction: policies, technologies, monitoring, assessment and modeling[J]. Journal of Cleaner Production, 103: 1-12.

[18] KIM M, KIM S, 2011. Quantitative estimates of warming by urbanization in South Korea over the past 55 years（1954–2008）[J]. Atmospheric Environment, 45（32）: 5778-5783.

[19] KORNER C, 1995. Towards a better experimental basis for upscaling plant-responses to elevated CO_2 and climate warming[J]. Plant Cell and Environment, 18（10）: 1101-1110.

[20] LAL R, 2004. Soil carbon sequestration impacts on global climate change and food security[J]. Science, 304（5677）: 1623-1627.

[21] LI G, YUAN Y, 2014. Impact of regional development on carbon emission: empirical evidence across countries[J]. Chinese Geographical Science, 24（5）: 499-510.

[22] LI X, JIANG T, CHAO Q, et al, 2015. The core conclusions and interpretation of working group Ⅱ contribution to the fifth assessment report of the intergovernmental panel on climate change[J]. Chinese Journal of Urban and Environmental Studies, 3（1）:

1550004.

[23] LIU Z, GUAN D, WEI W, et al, 2015. Reduced carbon emission estimates from fossil fuel combustion and cement production in China[J]. Nature, 524（7565）: 335-338.

[24] LONG Z, ZHANG Z, LIANG S, et al, 2021. Spatially explicit carbon emissions at the county scale[J]. Resources, Conservation and Recycling, 173: 105706.

[25] LUYSSAERT S, CIAIS P, PIAO S L, et al, 2010. The European carbon balance. Part 3: forests[J]. Global Change Biology, 16（5）: 1429-1450.

[26] MARLAND G, ROTTY R M, TREAT N L, 1985. CO_2 from fossil fuel burning: global distribution of emissions[J]. Tellus Series B-Chemical and Physical Meteorology, 37（4-5）: 243-258.

[27] OREN R, ELLSWORTH D S, JOHNSEN K H, et al, 2001. Soil fertility limits carbon sequestration by forest ecosystems in a CO_2-enriched atmosphere[J]. Nature, 411（6836）: 469-472.

[28] PARK J, HONG T, 2013. Analysis of South Korea's economic growth, carbon dioxide emission, and energy consumption using the Markov switching model[J]. Renewable and Sustainable Energy Reviews, 18: 543-551.

[29] PIAO S, FANG J, CIAIS P, et al, 2009. The carbon balance of terrestrial ecosystems in China[J]. Nature, 458（7241）: 1009-1013.

[30] PIAO S L, FANG J Y, ZHOU L M, et al, 2006. Variations in satellite-derived phenology in China's temperate vegetation[J]. Global Change Biology, 12（4）: 672-685.

[31] PIAO S L, FANG J Y, ZHOU L M, et al, 2005. Changes in vegetation net primary productivity from 1982 to 1999 in China[J]. Global Biogeochemical Cycles, 19（2）: GB2027.

[32] QUADRELLI R, PETERSON S, 2007. The energy-climate challenge: recent trends in CO_2 emissions from fuel combustion[J]. Energy Policy, 35（11）: 5938-5952.

[33] RAU G H, GREENE C H, 2015. Emissions reduction is not enough[J]. Science, 349（6255）: 1459.

[34] ROTTY R M, 1983. Distribution of and changes in industrial carbon-dioxide production[J]. Journal of Geophysical Research-Oceans, 88（C2）: 1301-1308.

[35] SHAN Y，HUANG Q，GUAN D，et al，2020. China CO_2 emission accounts 2016-2017[J]. Scientific Data，7（1）：54.

[36] SOYTAS U，SARI R，EWING B T，2007. Energy consumption，income，and carbon emissions in the United States[J]. Ecological Economics，62（3-4）：482-489.

[37] TANG Y H，LUAN X B，SUN J X，et al，2021. Impact assessment of climate change and human activities on GHG emissions and agricultural water use[J]. Agricultural and Forest Meteorology，296：108285.

[38] WANG J，FENG L，PALMER P I，et al，2020. Large Chinese land carbon sink estimated from atmospheric carbon dioxide data[J]. Nature，586（7831）：720-723.

[39] WANG Y，JI W，YU X，et al，2014. The impact of urbanization on the annual average temperature of the past 60 years in Beijing[J]. Advances in Meteorology，2014：374987.

[40] WOFSY S C，GOULDEN M L，MUNGER J W，et al，1993. Net exchange of CO_2 in a mid-latitude forest[J]. Science，260（5112）：1314-1317.

[41] XU G，GE Q，GONG P，et al，2013. Societal response to challenges of global change and human sustainable development[J]. Chinese Science Bulletin，58（25）：3161-3168.

[42] ZHANG K，LIU X，GUO P，et al，2019. Spatial-temporal differences of CO_2 emissions of transport sector in Beijing-Tianjin-Hebei region[J]. Systems Engineering，37（5）：12-20.

[43] ZHANG X，ZHAO X，JIANG Z，et al，2017. How to achieve the 2030 CO_2 emission-reduction targets for China's industrial sector：retrospective decomposition and prospective trajectories[J]. Global Environmental Change，44：83-97.

[44] ZHAO Y，NIELSEN C P，MCELROY M B，2012. China's CO_2 emissions estimated from the bottom up：recent trends，spatial distributions，and quantification of uncertainties[J]. Atmospheric Environment，59：214-223.

[45] ZHOU Y，LIU Y，2016. Does population have a larger impact on carbon dioxide emissions than income？ Evidence from a cross-regional panel analysis in China[J]. Applied Energy，180：800-809.

[46] 蔡博峰，2014. 中国 4 个城市范围 CO_2 排放比较研究：以重庆市为例 [J]. 中国环境科学，34（9）：2439-2448.

[47] 蔡博峰，王金南，2013. 基于 1km 网格的天津市二氧化碳排放研究 [J]. 环境科学学报，

33（6）：1655-1664.

[48] 蔡博峰，王金南，2015. 长江三角洲地区城市二氧化碳排放特征研究 [J]. 中国人口·资源与环境，25（10），45-52.

[49] 蔡博峰，王金南，杨姝影，等，2017. 中国城市 CO_2 排放数据集研究：基于中国高空间分辨率网格数据 [J]. 中国人口·资源与环境，27（2）：1-4.

[50] 蔡博峰，刘春兰，陈操操，2009. 城市温室气体清单研究 [M]. 化学工业出版社，北京 .

[51] 曹植，沈镭，刘立涛，等，2017. 基于自下而上方法的中国水泥生产碳排放强度演变趋势分析 [J]. 资源科学，39（12）：2344-2357.

[52] 陈红敏，2011. 国际碳核算体系发展及其评价 [J]. 中国人口·资源与环境，21（9）：111-116.

[53] 程琨，2013. 农田减缓气候变化潜力的统计计量与模型模拟 [D]. 南京农业大学 .

[54] 程琨，潘根兴，2016. “千分之四全球土壤增碳计划”对中国的挑战与应对策略 [J]. 气候变化研究进展，12（5）：457-464.

[55] 初子莹，任国玉，2005. 近千年温度变化研究的回顾与展望 [J]. 气候与环境研究，（4）：818-825.

[56] 初子莹，任国玉，邵雪梅，等，2005. 我国过去千年地表温度序列的初步重建 [J]. 气候与环境研究，（4）：826-836.

[57] 从建辉，刘学敏，赵雪如，2014. 城市碳排放核算的边界界定及其测度方法 [J]. 中国人口·资源与环境，24（4）：19-26.

[58] 邓培雁，陈桂珠，2003. 湿地价值及其有关问题探讨 [J]. 湿地科学，（2）：136-140.

[59] 段晓男，王效科，逯非，等，2008. 中国湿地生态系统固碳现状和潜力 [J]. 生态学报，（2）：463-469.

[60] 范志欣，方修琦，苏筠，2018. 全球碳排放格网化格局的变化 [J]. 气候变化研究进展，14（5）：505-512.

[61] 方斌，张宪哲，杨柳，2017. 基于 POI 数据的城市边界变化提取研究：以山西运城市城区为例 [J]. 现代测绘，40（5）：20-22.

[62] 方精云，陈安平，2001b. 中国森林植被碳库的动态变化及其意义 [J]. 植物学报，（9）：967-973.

[63] 方精云，陈安平，赵淑清，等，2002. 中国森林生物量的估算：对 Fang 等 Science 一

文（Science，2001，291：2320~2322）的若干说明 [J]. 植物生态学报，（2）：243-249.

[64] 方精云，郭兆迪，朴世龙，等，2007. 1981~2000 年中国陆地植被碳汇的估算 [J]. 中国科学（D 辑：地球科学），（6）：804-812.

[65] 方精云，朴世龙，赵淑清，2001a. CO_2 失汇与北半球中高纬度陆地生态系统的碳汇 [J]. 植物生态学报，（5）：594-602.

[66] 方昭，2017. 建筑业碳排放核算分析及效率评价研究 [D]. 清华大学.

[67] 高树琴，赵霞，方精云，2016. 我国草地的固碳功能 [J]. 中国工程科学，18（1）：73-79.

[68] 葛全胜，戴君虎，何凡能，等，2008. 过去 300 年中国土地利用、土地覆被变化与碳循环研究 [J]. 中国科学（D 辑：地球科学），（2）：197-210.

[69] 葛全胜，张学珍，郝志新，等，2011. 中国过去 2000 年温度变化速率 [J]. 中国科学：地球科学，41（9）：1233-1241.

[70] 葛维萍，2010. 县域低碳经济发展探析 [J]. 商场现代化，（32）：116-117.

[71] 郭然，王效科，逯非，等，2008. 中国草地土壤生态系统固碳现状和潜力 [J]. 生态学报，（2）：862-867.

[72] 韩冰，王效科，逯非，等，2008. 中国农田土壤生态系统固碳现状和潜力 [J]. 生态学报，（2）：612-619.

[73] 韩会庆，王世尧，马庚，等，2018. 我国农业碳排放强度与农业经济空间相关性研究 [J]. 水土保持研究，25（5）：269-274，281.

[74] 郝千婷，黄明祥，包刚，2011. 碳排放核算方法概述与比较研究 [J]. 中国环境管理，（4）：51-55.

[75] 何艳秋，倪方平，钟秋波，2015. 中国碳排放统计核算体系基本框架的构建 [J]. 统计与信息论坛，30（10）：30-36.

[76] 胡初枝，黄贤金，钟太洋，等，2008. 中国碳排放特征及其动态演进分析 [J]. 中国人口·资源与环境，（3）：38-42.

[77] 简盖元，王文烂，刘伟平，等，2012. 森林碳生产的认识、方式与政策保障 [J]. 林业经济问题，32（4）：313-316，322.

[78] 孔东升，张灏，2015. 张掖黑河湿地自然保护区生态服务功能价值评估 [J]. 生态学报，35（4）：972-983.

[79] 李姝，喻阳华，袁志敏，等，2015. 碳汇研究综述 [J]. 安徽农业科学，43（34）：136-139.

[80] 李笑笑，潘家坪，2020. 森林碳汇计量方法的比较研究 [J]. 中国林业经济，（4）：96-97.

[81] 刘放，2021. 标准化视域下县域新型城镇化智慧城市建设研究：以新县为例 [J]. 中国标准化，（7）：135-139.

[82] 刘国华，傅伯杰，方精云，2000. 中国森林碳动态及其对全球碳平衡的贡献 [J]. 生态学报，（5）：733-740.

[83] 刘浩龙，葛全胜，周宇，等，2021. 981~1040 年开封牡丹观赏记录及其对北宋气候冷暖变化的指示 [J]. 第四纪研究，41（3）：864-876.

[84] 刘宏强，张福明，刘思雨，等，2016. 首钢京唐钢铁公司绿色低碳钢铁生产流程解析 [J]. 钢铁，51（12）：80-88.

[85] 刘明达，蒙吉军，刘碧寒，2014. 国内外碳排放核算方法研究进展 [J]. 热带地理，34（2）：248-258.

[86] 刘竹，关大博，魏伟，2018. 中国二氧化碳排放数据核算 [J]. 中国科学：地球科学，48（7）：878-887.

[87] 吕景辉，任天忠，闫德仁，2008. 国内森林碳汇研究概述 [J]. 内蒙古林业科技，（2）：43-47.

[88] 马学威，熊康宁，张俞，等，2019. 森林生态系统碳储量研究进展与展望 [J]. 西北林学院学报，34（5）：62-72.

[89] 苗苏，2011. 低碳经济：县域发展的挑战、机遇和对策 [J]. 山东商业职业技术学院学报，11（6）：12-14.

[90] 闵继胜，胡浩，2012. 中国农业生产温室气体排放量的测算 [J]. 中国人口・资源与环境，22（7）：21-27.

[91] 钱杰，2004. 大都市碳源碳汇研究：以上海市为例 [D]. 华东师范大学.

[92] 阮俊梅，宋振伟，王全辉，等，2020. 中国农田减缓气候变化的潜力与技术途径 [J]. 中国农学通报，36（5）：98-102.

[93] 上官方钦，张春霞，郦秀萍，等，2010. 关于钢铁行业 CO_2 排放计算方法的探讨 [J]. 钢铁研究学报，22（11）：1-5，10.

[94] 沈镭，赵建安，王礼茂，等，2016. 中国水泥生产过程碳排放因子测算与评估 [J]. 科学通报，61（26）：2926-2938.

[95] 宋洪涛，崔丽娟，栾军伟，等，2011. 湿地固碳功能与潜力 [J]. 世界林业研究，24（6）：6-11.

[96] 宋苗，杨保，LJUNGQVIST F C，等，2021. 利用树轮资料重建过去 700 年东亚地区冬季温度变化 [J]. 中国科学：地球科学，51（6）：962-981.

[97] 孙建卫，赵荣钦，黄贤金，等，2010. 1995—2005 年中国碳排放核算及其因素分解研究 [J]. 自然资源学报，25（8）：1284-1295.

[98] 谭显春，赖海萍，顾佰和，等，2018. 主体功能区视角下的碳排放核算：以广东省为例 [J]. 生态学报，38（17）：6292-6301.

[99] 汪浩，陈操操，潘涛，等，2014. 县域尺度的京津冀都市圈 CO_2 排放时空演变特征 [J]. 环境科学，35（1）：385-393.

[100] 王金南，蔡博峰，曹东，等，2014. 中国 10km 二氧化碳排放网格及空间特征分析 [J]. 中国环境科学，34（1）：1-6.

[101] 王明星，李晶，郑循华，1998. 稻田甲烷排放及产生、转化、输送机理 [J]. 大气科学，（4）：218-230.

[102] 王晓青，刘健，王志远，2015. 过去 2000 年中国区域温度模拟与重建的对比分析 [J]. 地球科学进展，30（12）：1318-1327.

[103] 王兴，赵鑫，王钰乔，等，2017. 中国水稻生产的碳足迹分析 [J]. 资源科学，39（4）：713-722.

[104] 王育宝，何宇鹏，2017. 土地利用变化及林业温室气体排放核算制度与方法实证 [J]. 中国人口·资源与环境，27（10）：168-177.

[105] 王长波，张力小，栗广省，2011. 中国农村能源消费的碳排放核算 [J]. 农业工程学报，27（S1）：6-11.

[106] 吴庆标，王效科，段晓男，等，2008. 中国森林生态系统植被固碳现状和潜力 [J]. 生态学报，（2）：517-524.

[107] 伍芬琳，李琳，张海林，等，2007. 保护性耕作对农田生态系统净碳释放量的影响 [J]. 生态学杂志，（12）：2035-2039.

[108] 徐国泉，刘则渊，姜照华，2006. 中国碳排放的因素分解模型及实证分析：1995-

2004[J]. 中国人口·资源与环境，（6）：158-161.

[109] 许泽宁，高晓路，2016. 基于电子地图兴趣点的城市建成区边界识别方法 [J]. 地理学报，71（6）：928-939.

[110] 闫军辉，刘浩龙，葛全胜，等，2017. 1906-2015 年武汉市温度变化序列重建与初步分析 [J]. 地理科学进展，36（9）：1176-1183.

[111] 苑立波，2012. 中国 CO_2 排放变动的结构因素分析：一个包含贸易结构的分解模型 [J]. 统计与信息论坛，27（8）：70-75.

[112] 张称意，巢清尘，袁佳双，等，2014.《对 2006 IPCC 国家温室气体清单指南的 2013 增补：湿地》的解析 [J]. 气候变化研究进展，10（6）：440-444.

[113] 张骏，2008. 中国中亚热带东部森林生态系统生产力和碳储量研究 [D]. 浙江大学 .

[114] 张雷，2006. 中国一次能源消费的碳排放区域格局变化 [J]. 地理研究，（1）：1-9.

[115] 张露，张俊飚，童庆蒙，2016. 农业对气候变化响应研究的进展与前瞻：以水稻为例 [J]. 中国农业大学学报，21（8）：150-158.

[116] 张蕊娇，刘振鸿，2012. 中国钢铁行业 CO_2 排放核算 [J]. 中国人口·资源与环境，22（S2）：5-8.

[117] 张涛，乐云，黄有亮，等，2012. 城市垃圾处理的碳排放核算与分析：以苏州市为例 [J]. 环境污染与防治，34（9）：102-105，110.

[118] 赵领娣，吴栋，2018. 中国能源供给侧碳排放核算与空间分异格局 [J]. 中国人口·资源与环境，28（2）：48-58.

[119] 赵荣钦，陈志刚，黄贤金，等，2012. 南京大学土地利用碳排放研究进展 [J]. 地理科学，32（12）：1473-1480.

[120] 赵荣钦，黄贤金，2013. 城市系统碳循环：特征、机理与理论框架 [J]. 生态学报，33（2）：358-366.

[121] 赵荣钦，黄贤金，徐慧，等，2009. 城市系统碳循环与碳管理研究进展 [J]. 自然资源学报，24（10）：1847-1859.

[122] 赵荣钦，刘薇，刘英，等，2016a. 基于碳收支核算的河南省碳排放峰值预测 [J]. 水土保持通报，36（4）：78-83，89.

[123] 赵荣钦，刘英，马林，等，2016b. 基于碳收支核算的河南省县域空间横向碳补偿研究 [J]. 自然资源学报，31（10）：1675-1687.

[124] 郑景云， 邵雪梅， 郝志新， 等， 2010. 过去 2000 年中国气候变化研究 [J]. 地理研究，29（9）： 1561-1570.

[125] 周五七，2012. 中国工业能源碳排放面板数据估算：1998-2010 年 [J]. 西部论坛，22(3)：68-77.

[126] 朱世龙， 2009. 北京市温室气体排放现状及减排对策研究 [J]. 中国软科学，（9）： 93-98，106.

[127] 朱松丽， 蔡博峰， 朱建华， 等， 2018. IPCC 国家温室气体清单指南精细化的主要内容和启示 [J]. 气候变化研究进展， 14（1）： 86-94.

[128] 朱松丽， 汪航， 王文涛， 等， 2017. “十二五”期间中国区域低碳经济与国土空间开发格局的协调发展研究 [J]. 中国人口·资源与环境， 27（9）： 135-142.

附　图

附图1　长兴县2008年碳排放

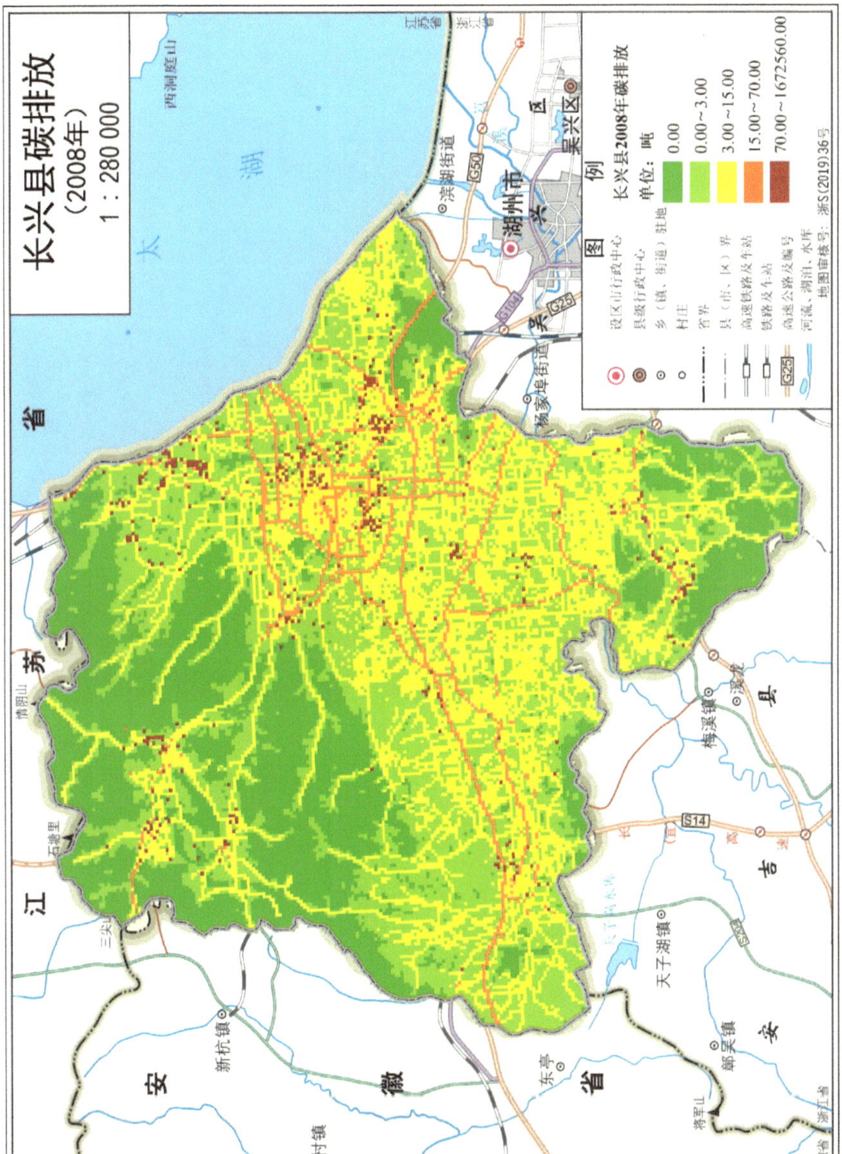

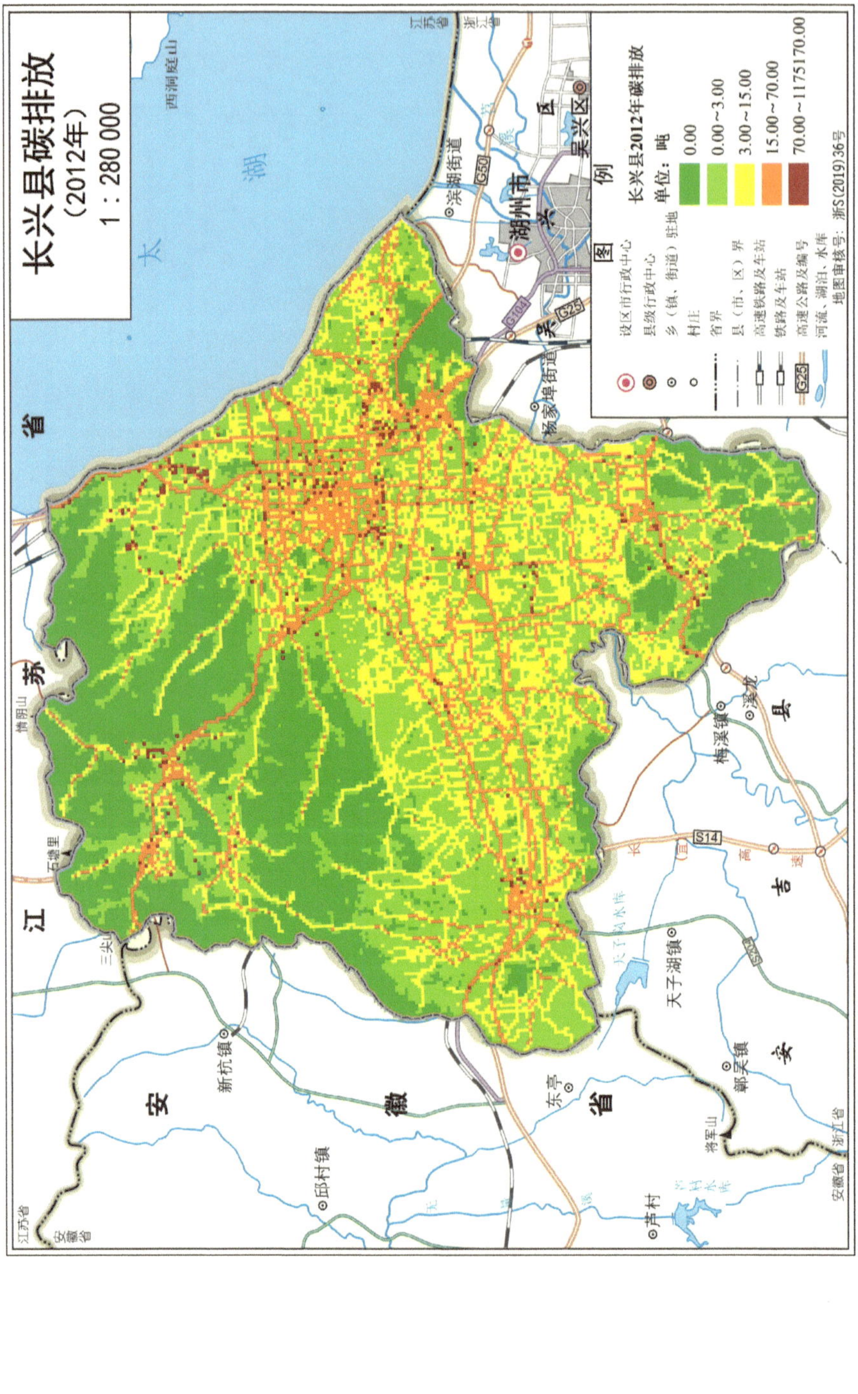

附图2 长兴县2012年碳排放

附图 3　长兴县 2017 年碳排放

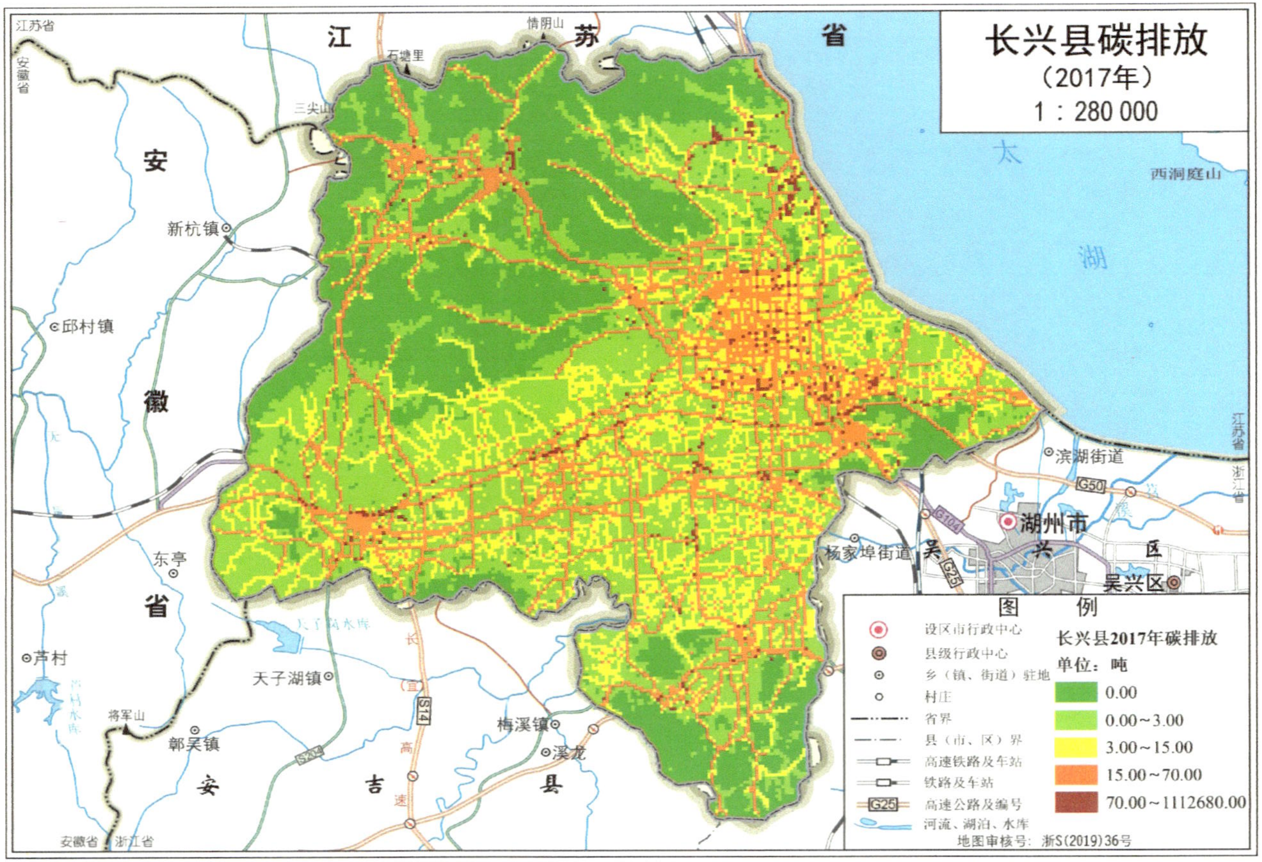

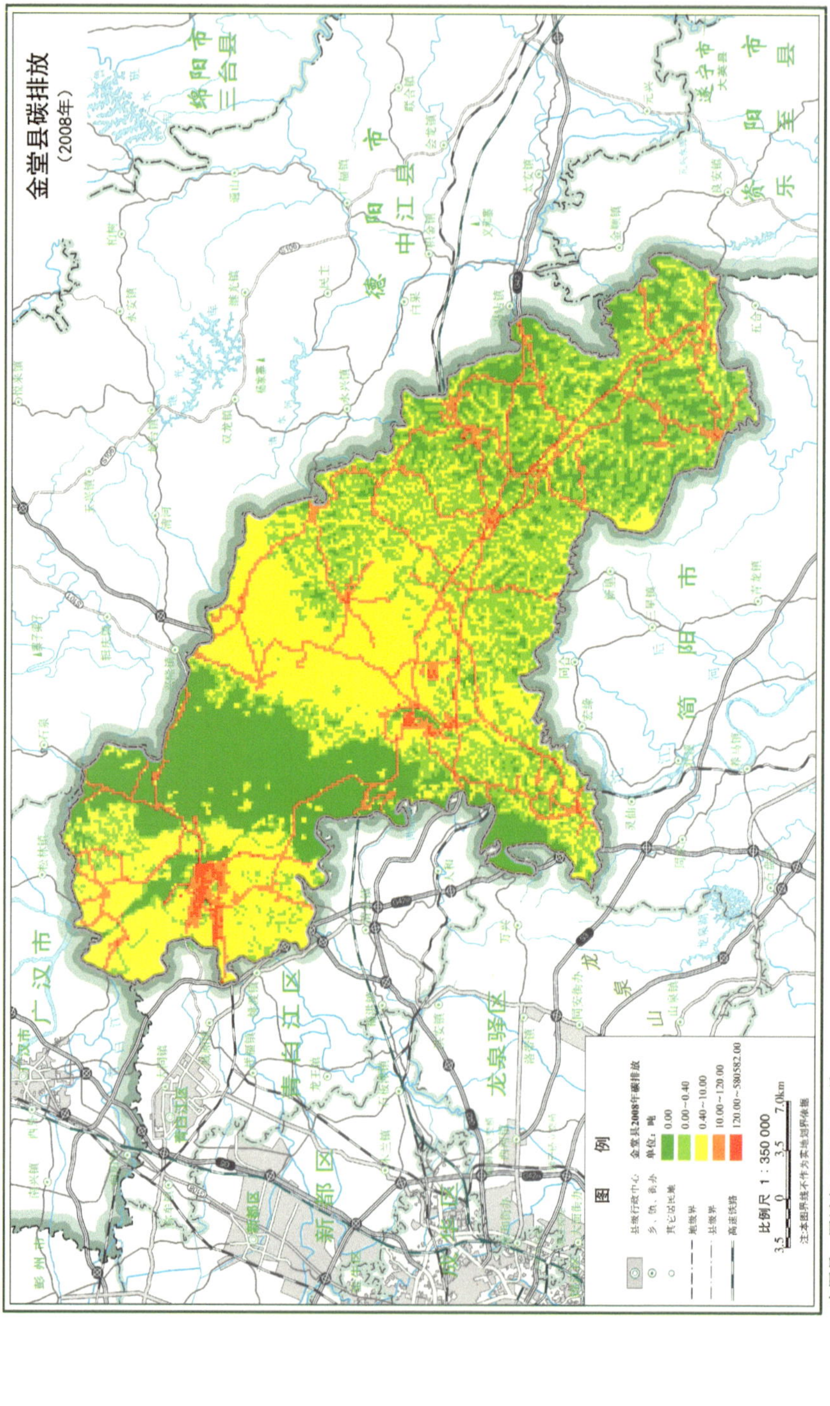

审图号：图川审（2016）027号

附图 4　金堂县 2008 年碳排放

附图 5 金堂县 2012 年碳排放

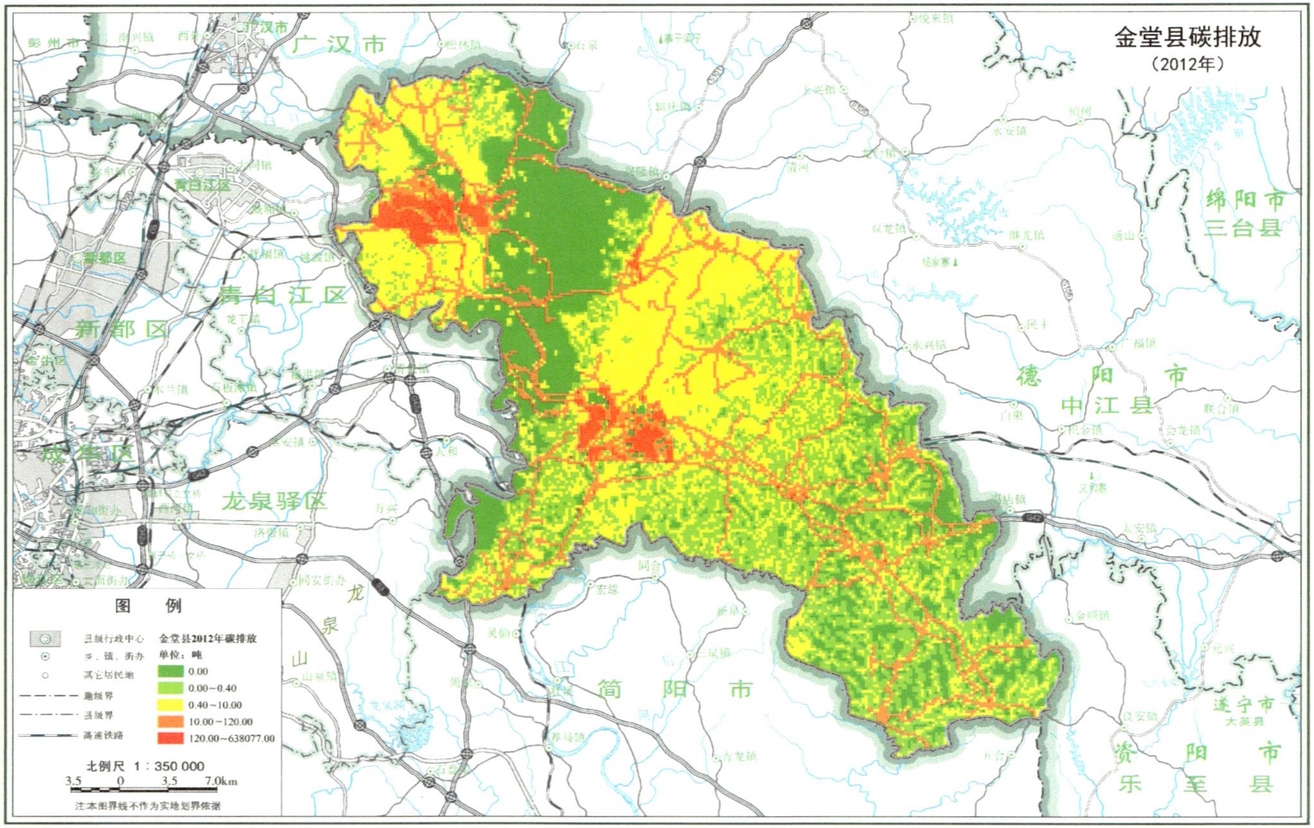

审图号：图川审（2016）027号

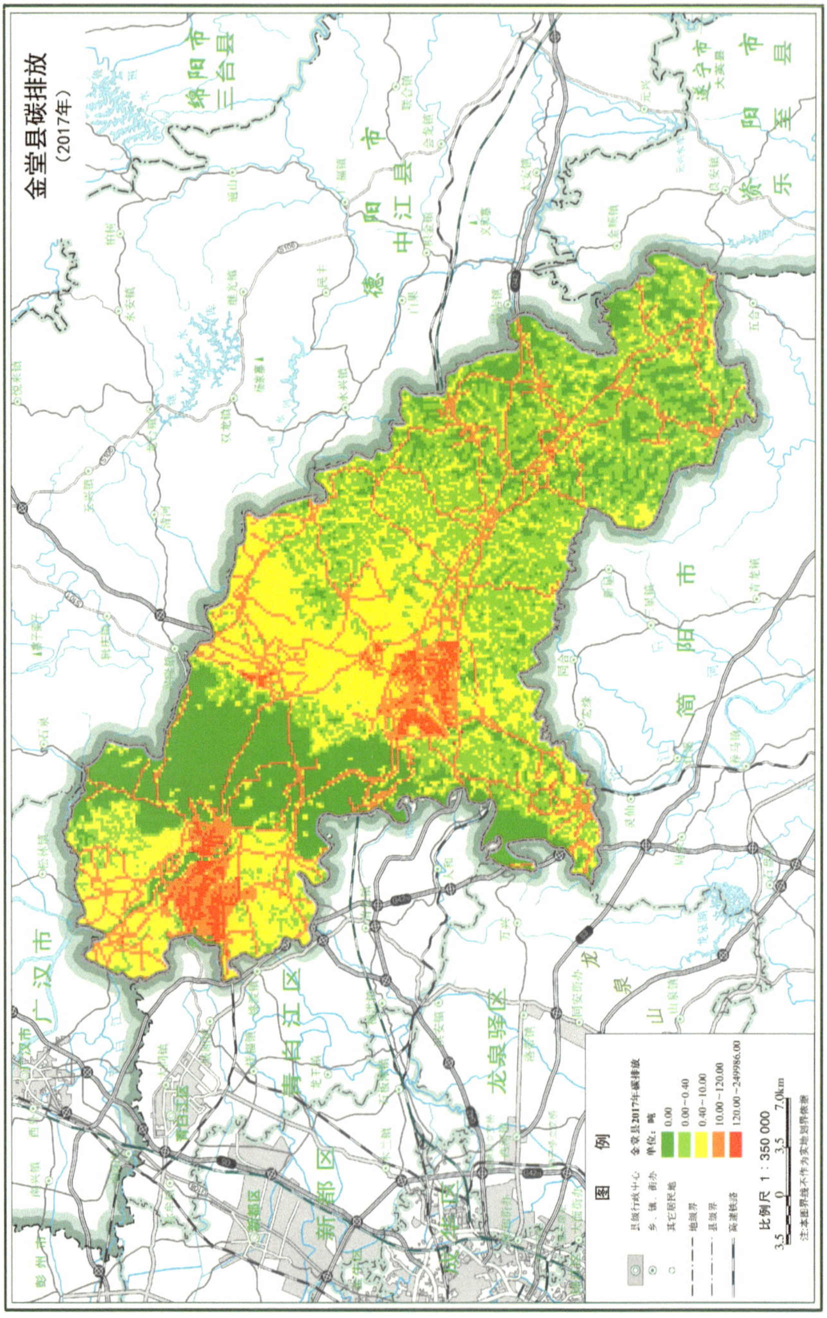

审图号：图川审（2016）027号

附图6 金堂县2017年碳排放

附图 7 武安市 2008 年碳排放

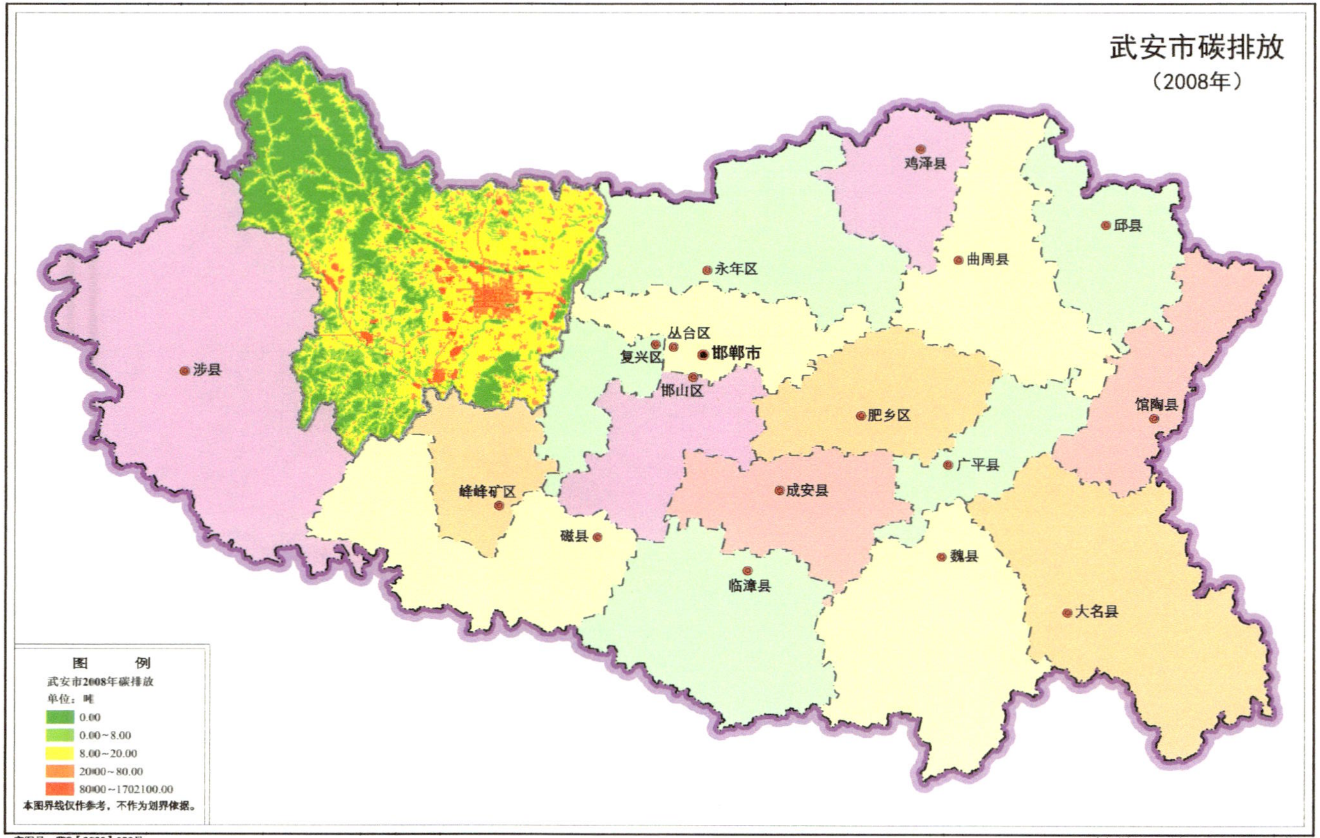

审图号：冀S【2020】030号

河北省自然资源厅 监制 河北省制图院 编制

附图 8　武安市 2012 年碳排放

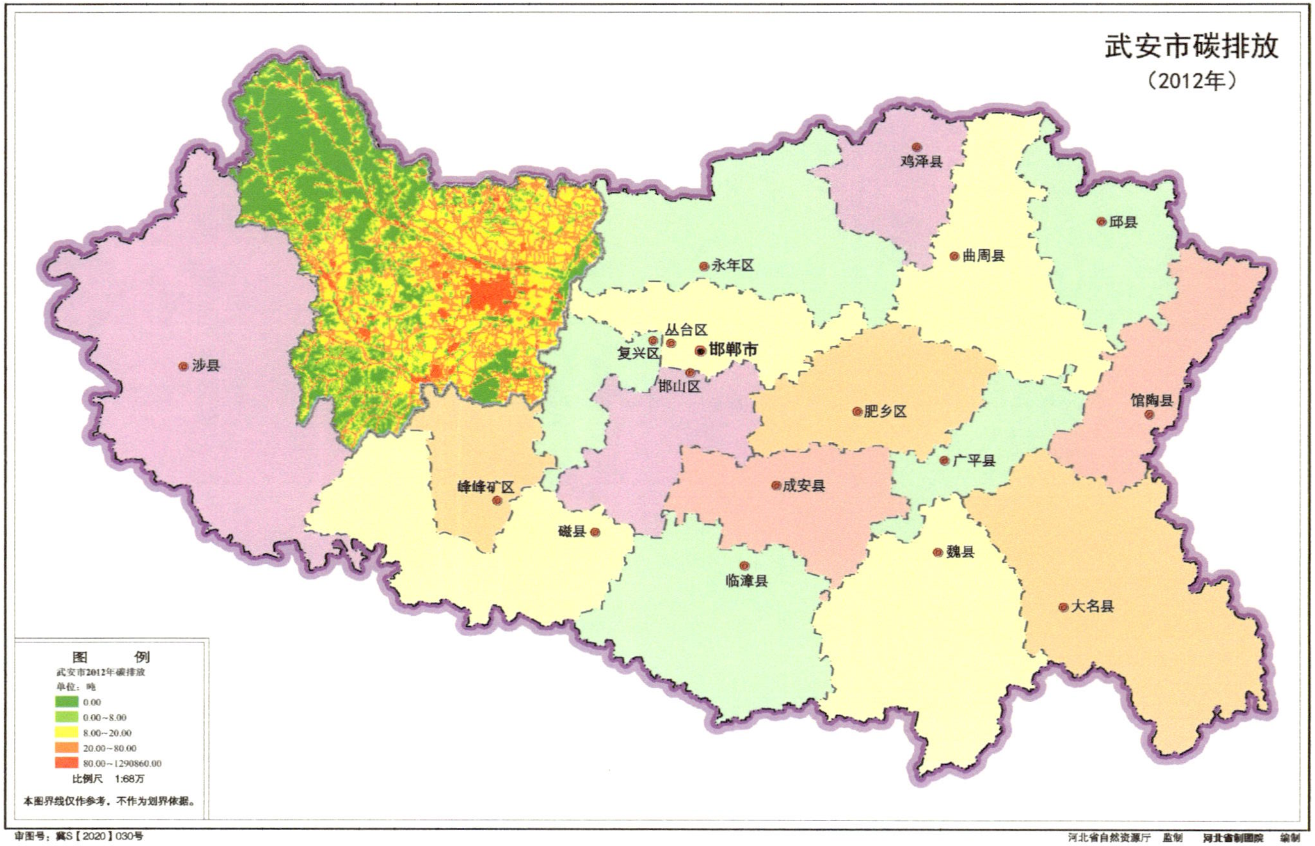

附图9　武安市2017年碳排放

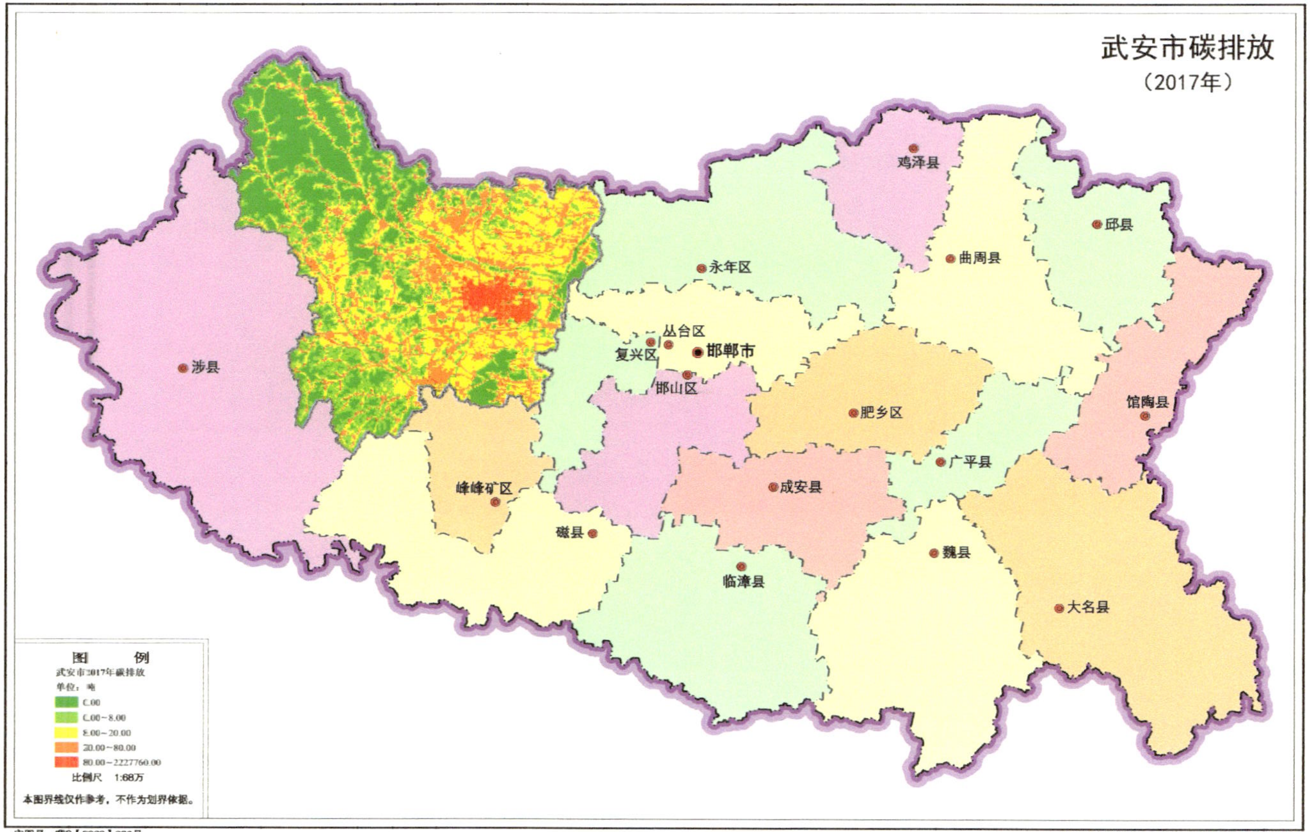

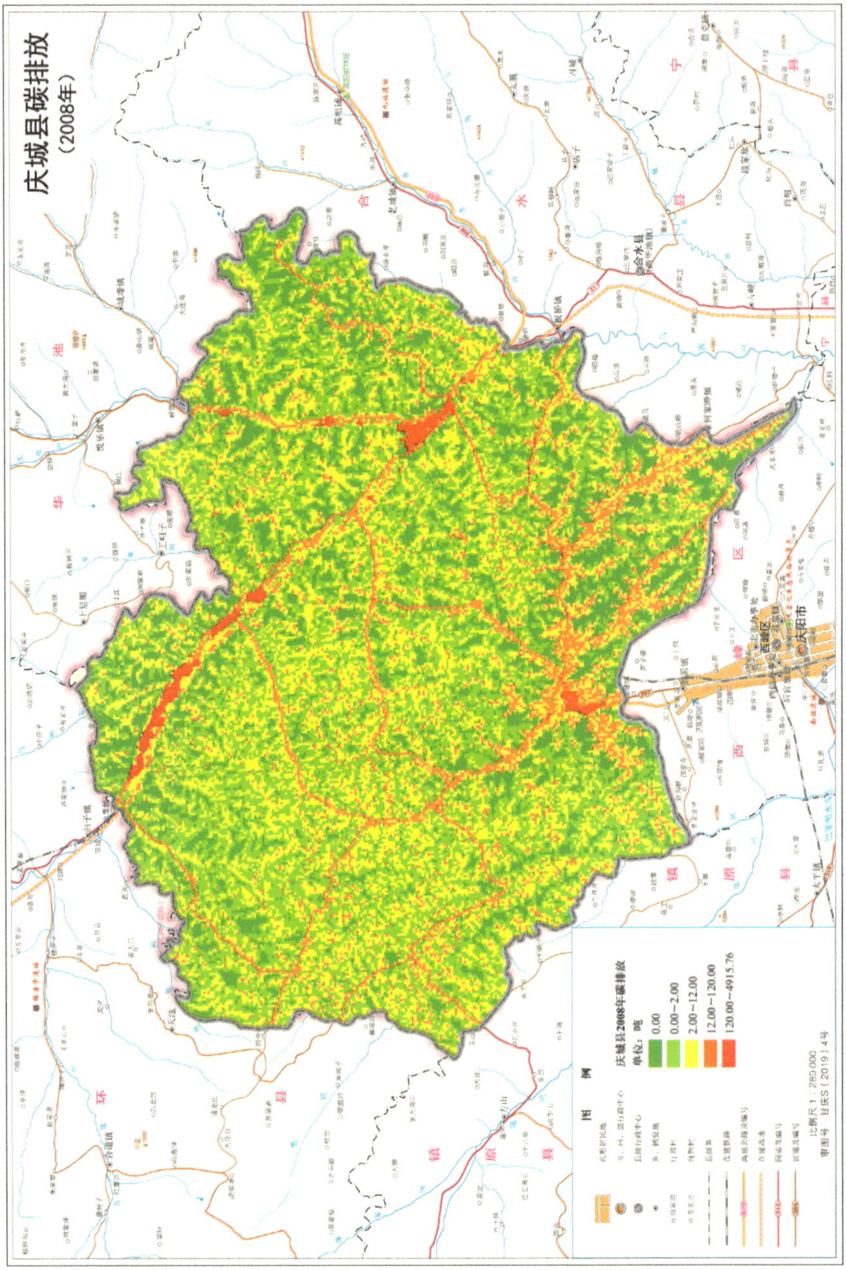

附图10 庆城县2008年碳排放

附图 11 庆城县 2012 年碳排放

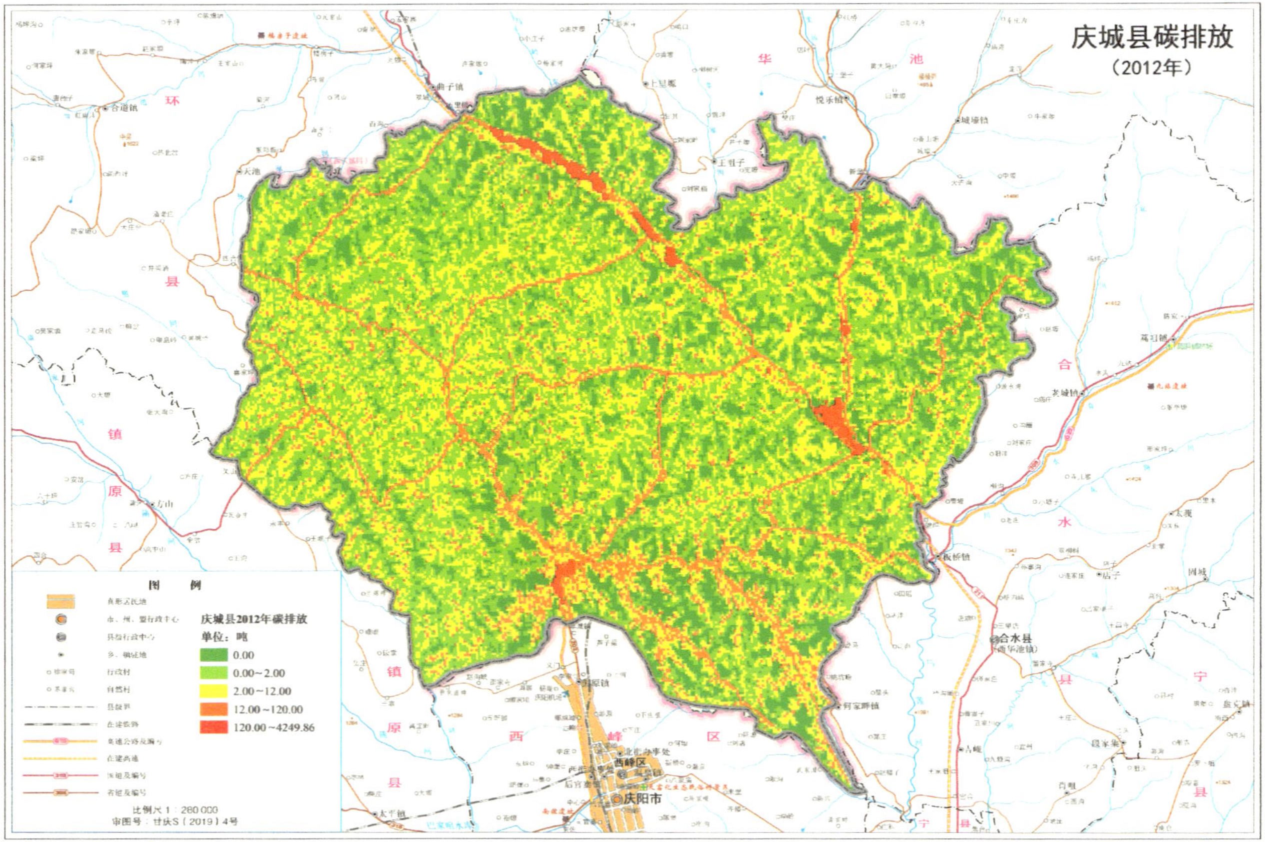

附图 12　庆城县 2017 年碳排放

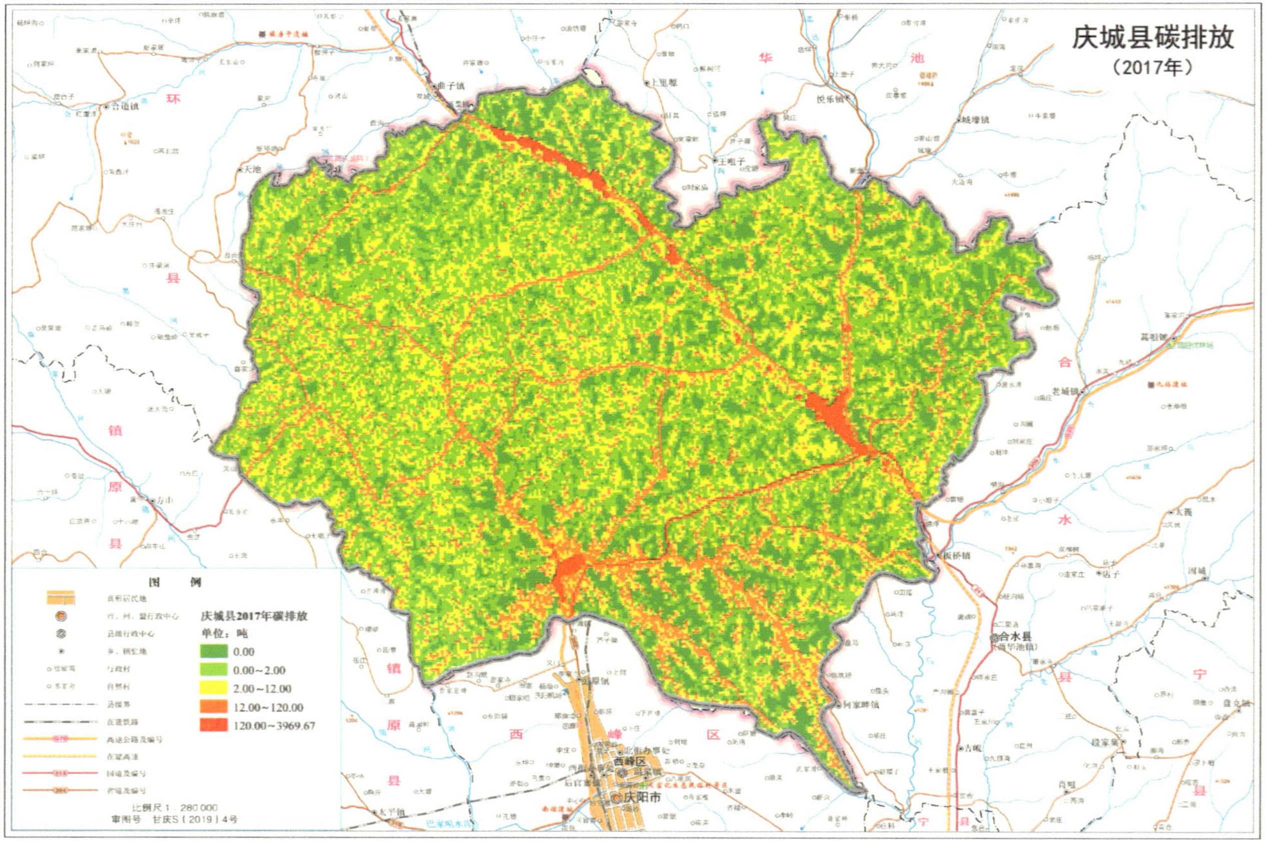

附图 13 长兴县 2008 年碳汇

附图14 长兴县2012年碳汇

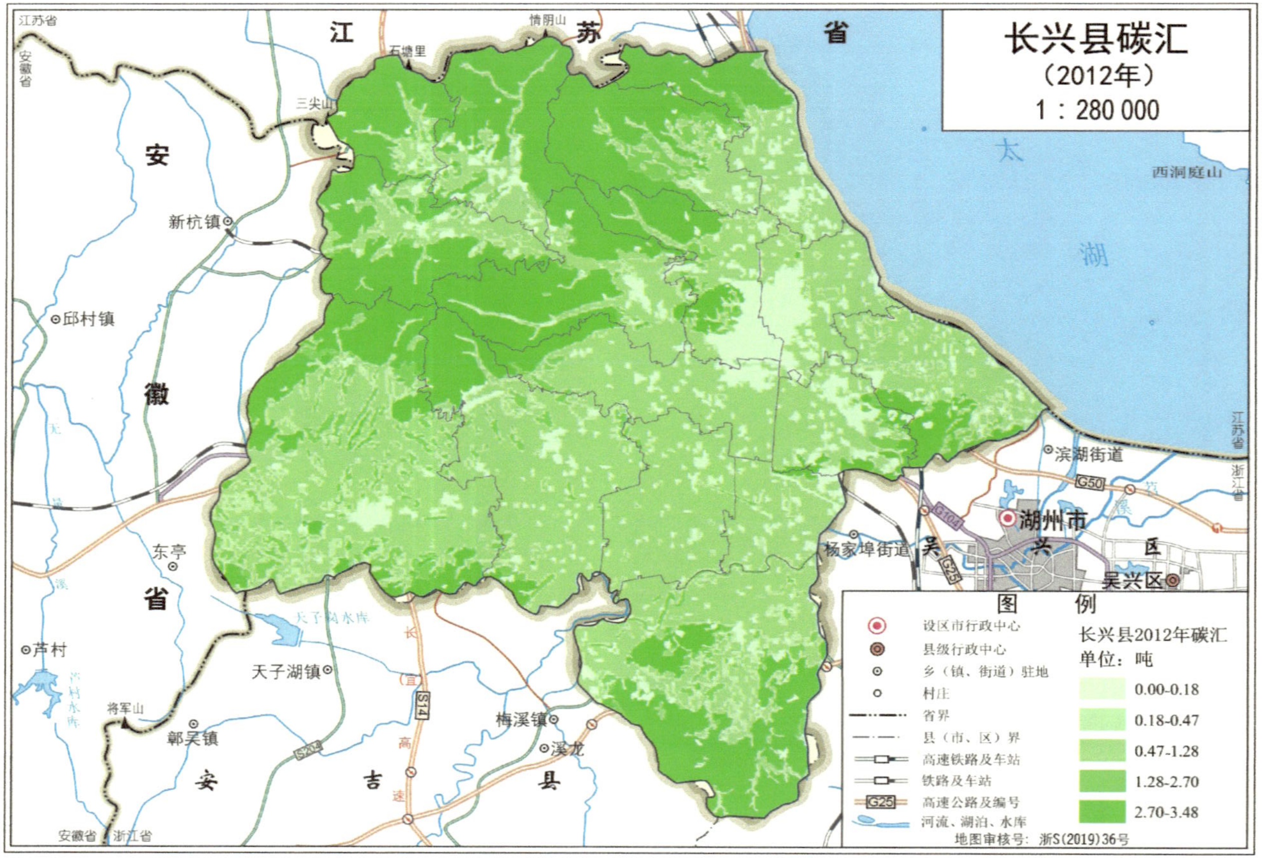

附图 15 长兴县 2017 年碳汇

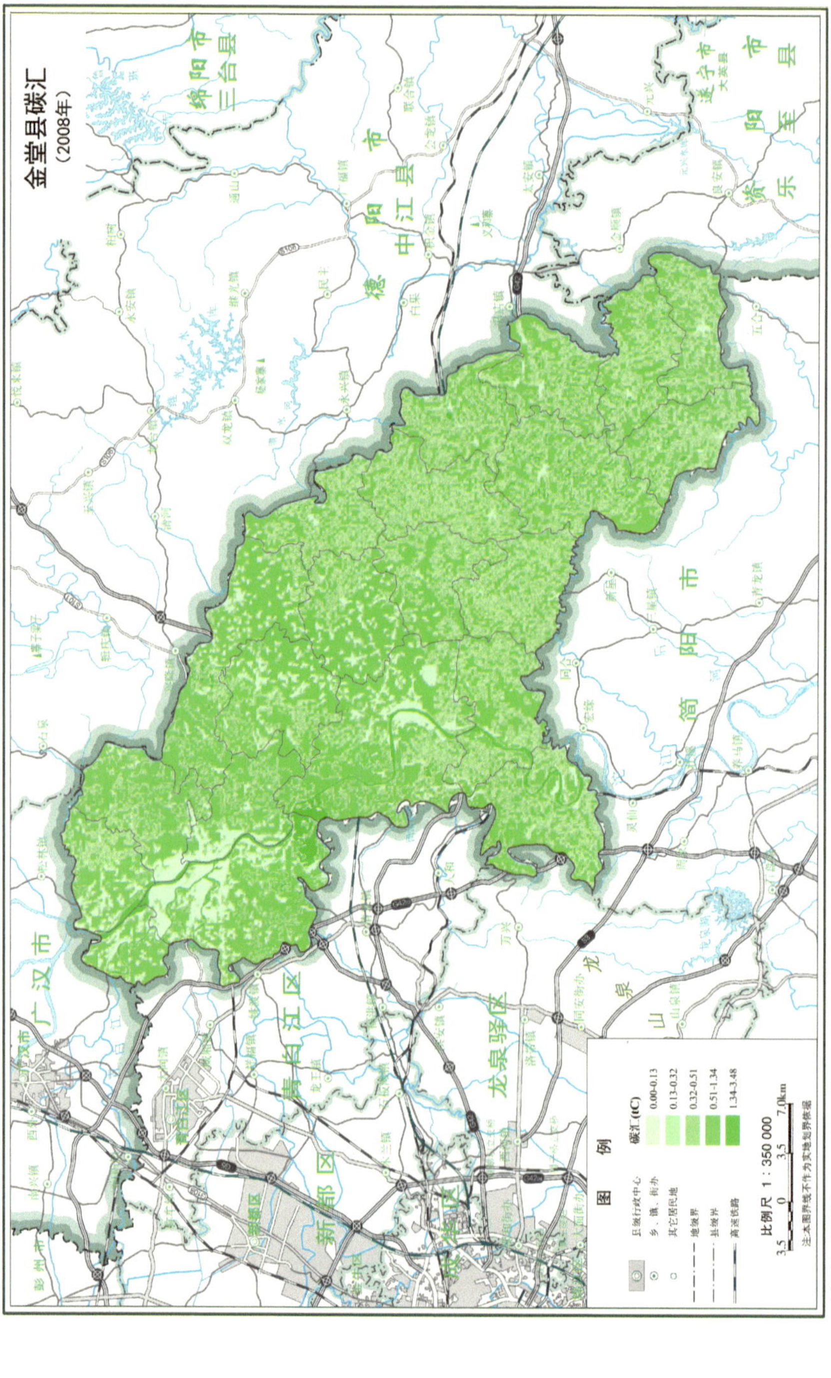

审图号：图川审（2016）027号

附图16 金堂县2008年碳汇

附图 17　金堂县 2012 年碳汇

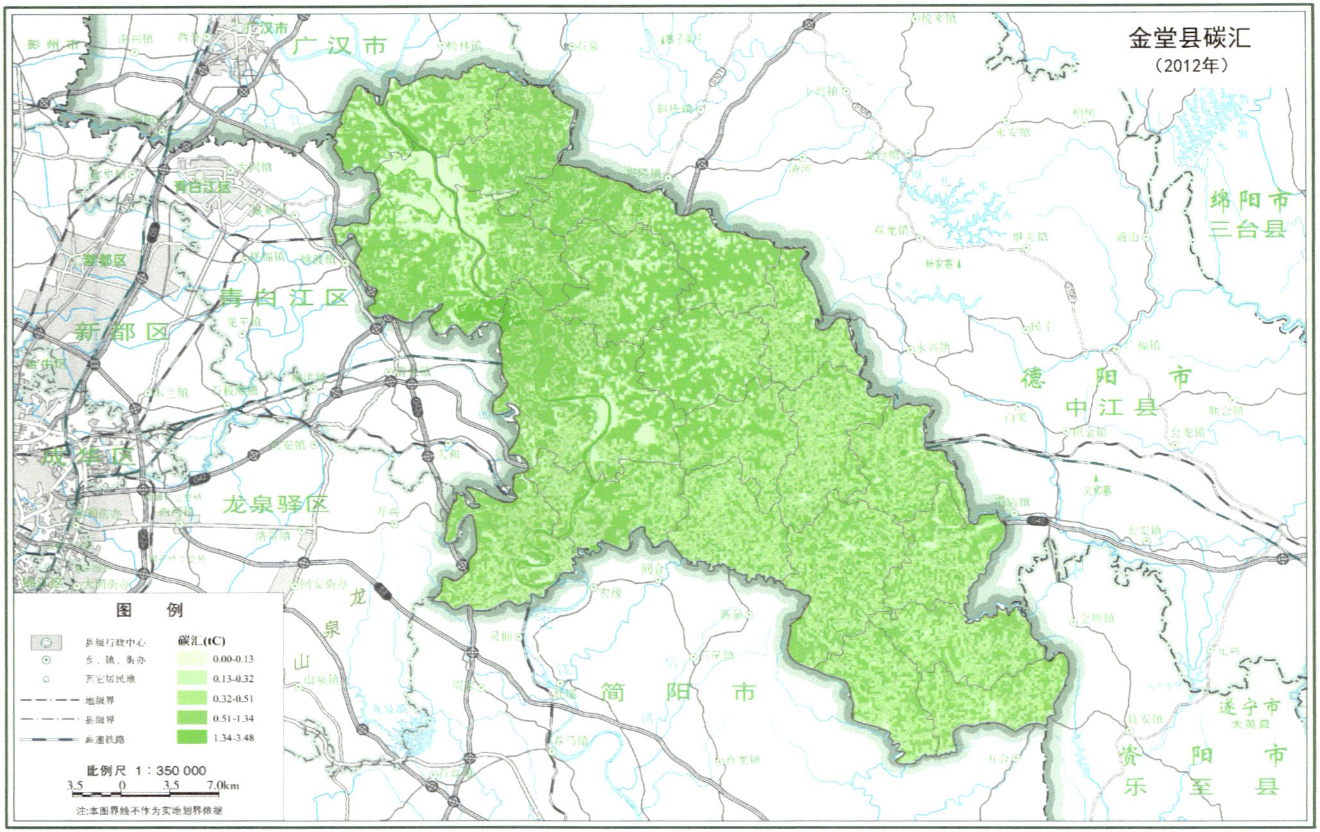

审图号：图川审（2016）027号

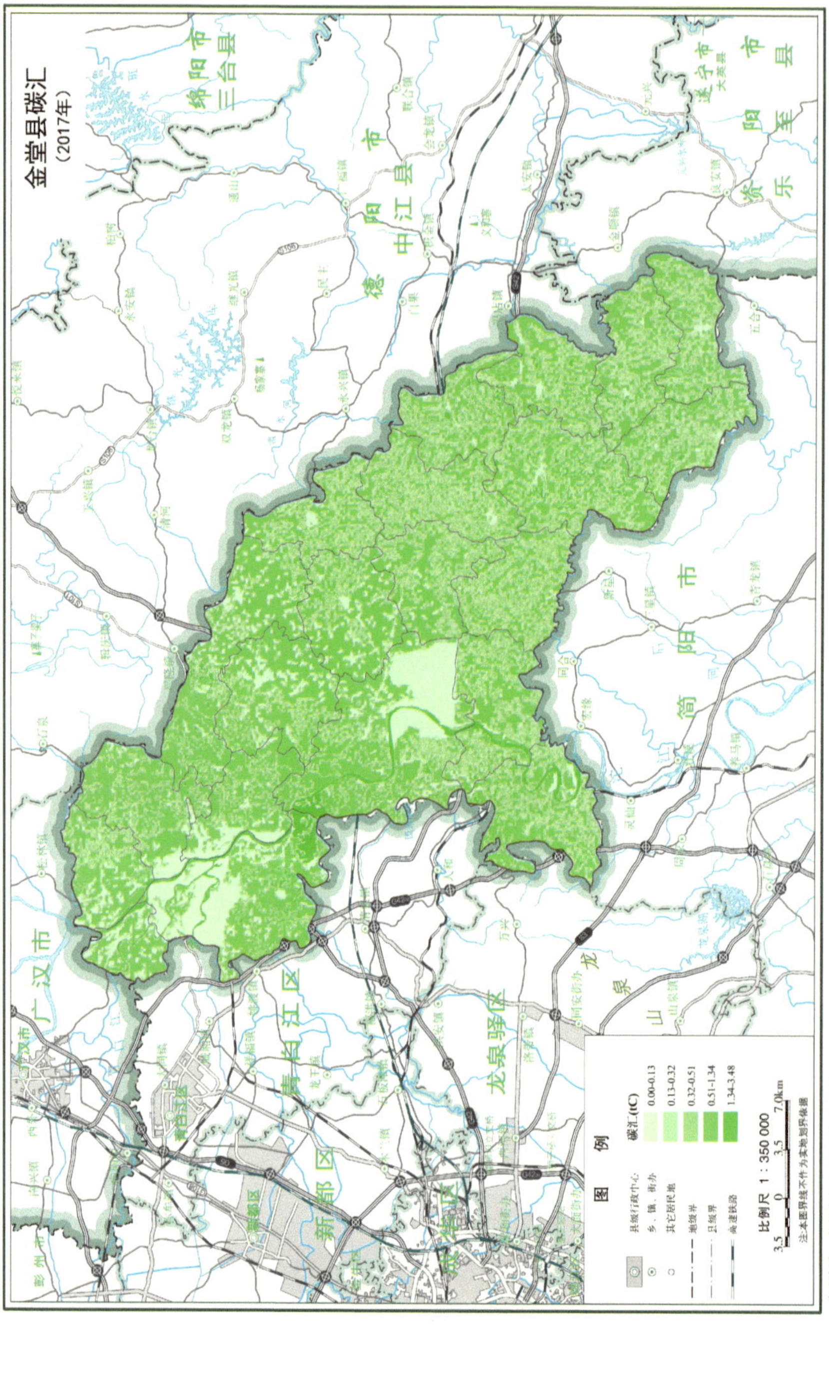

审图号：图川审（2016）027号

附图18 金堂县2017年碳汇

附图 19　武安市 2008 年碳汇

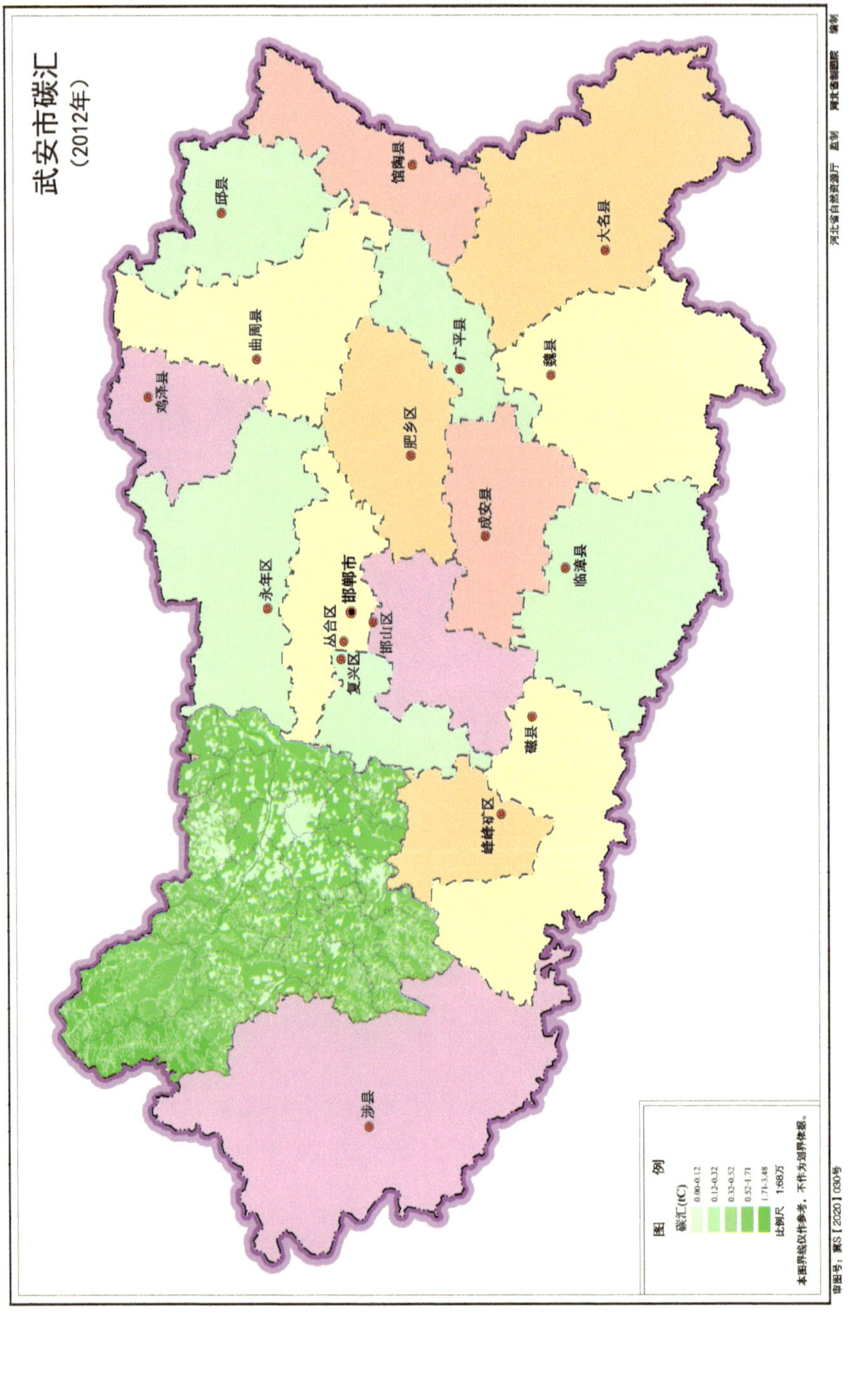

附图20　武安市2012年碳汇

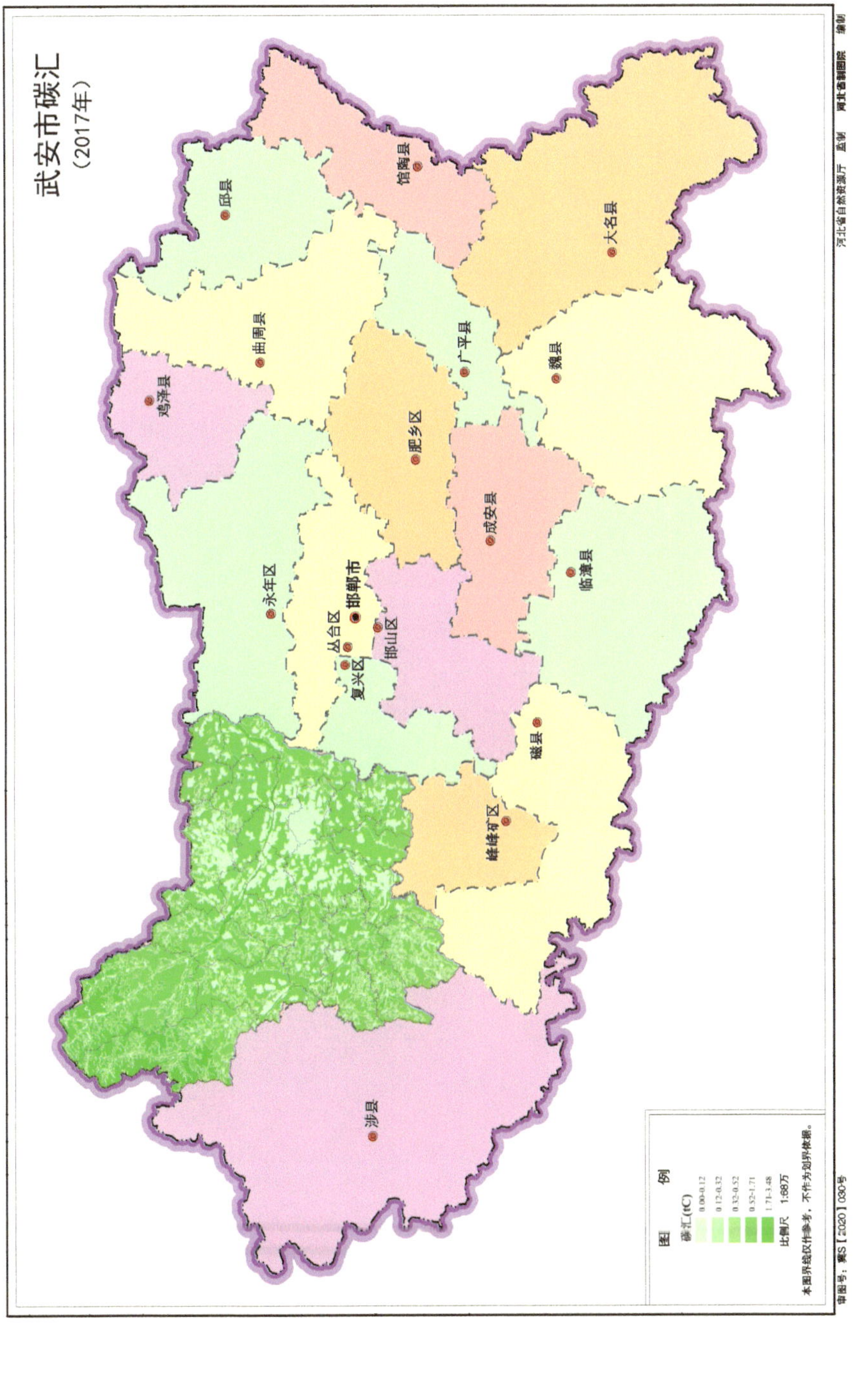

附图 21 武安市 2017 年碳汇

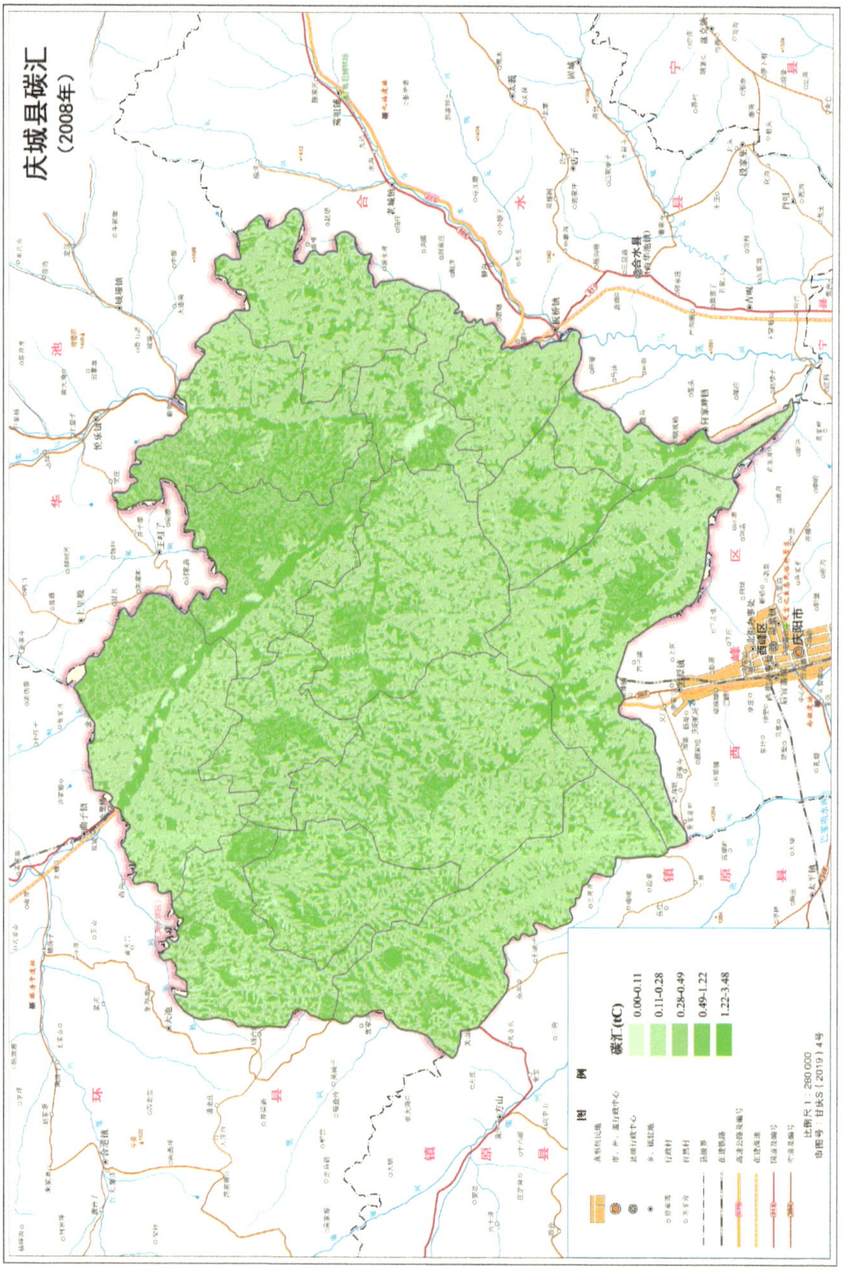

附图22 庆城县2008年碳汇

附图 23 庆城县 2012 年碳汇

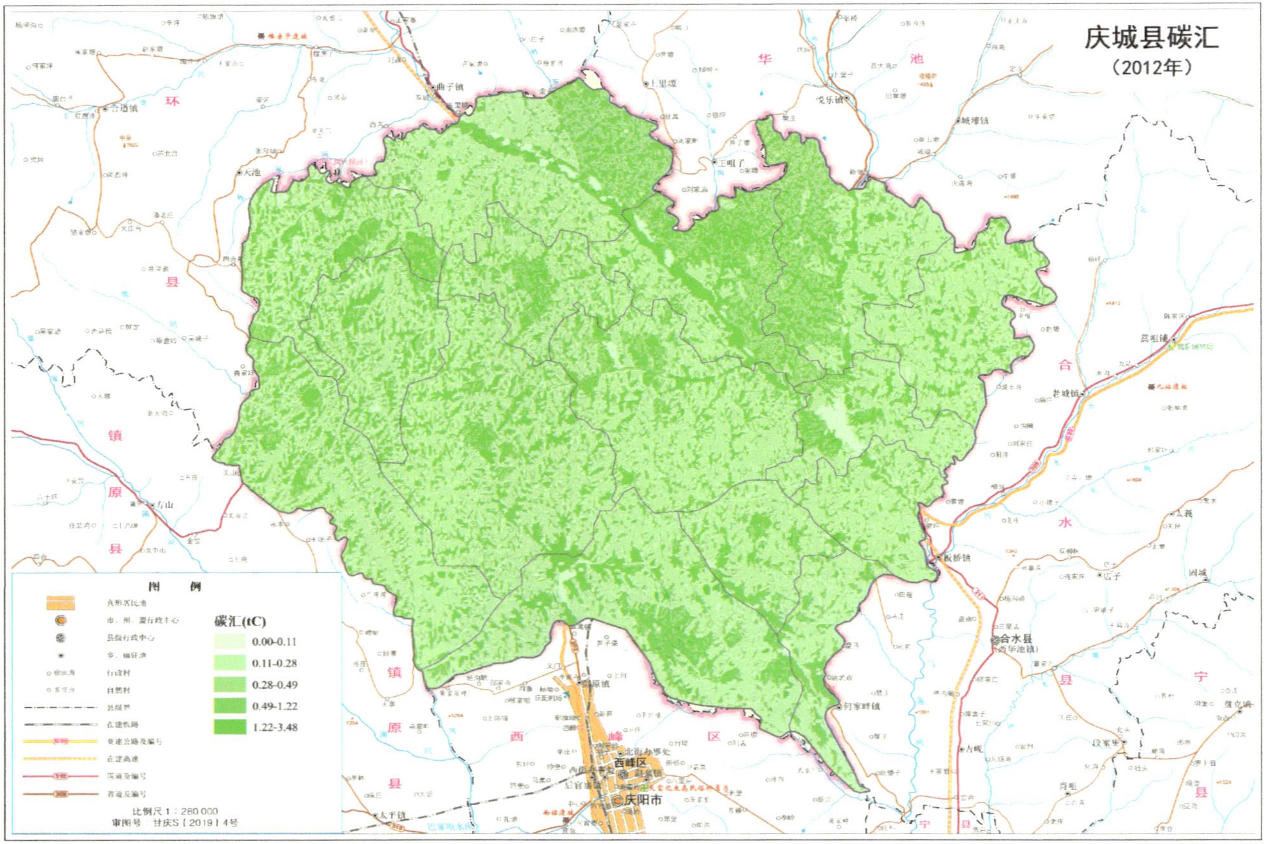

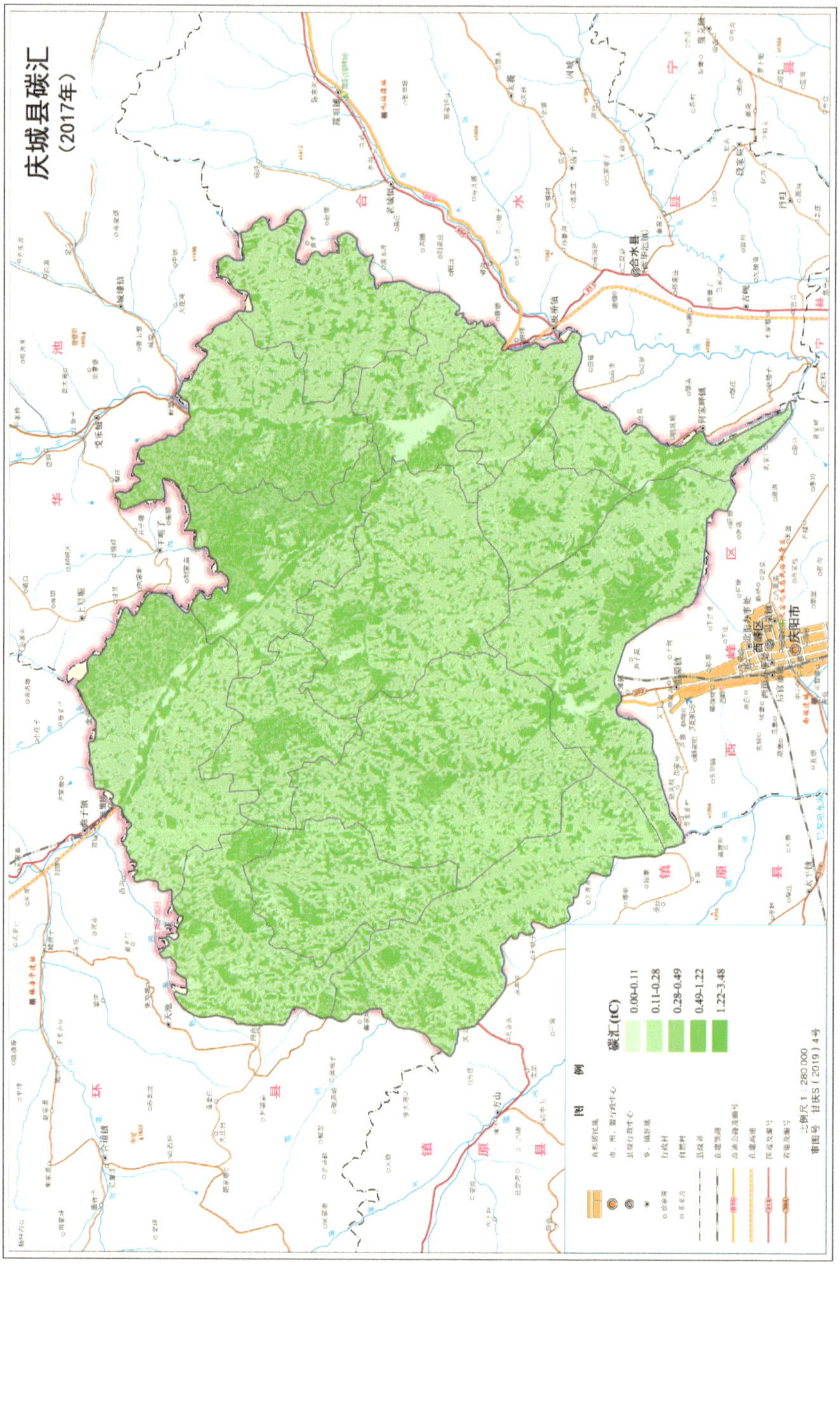

附图 24　庆城县 2017 年碳汇

附图 25　长兴县 2008 年碳平衡分区

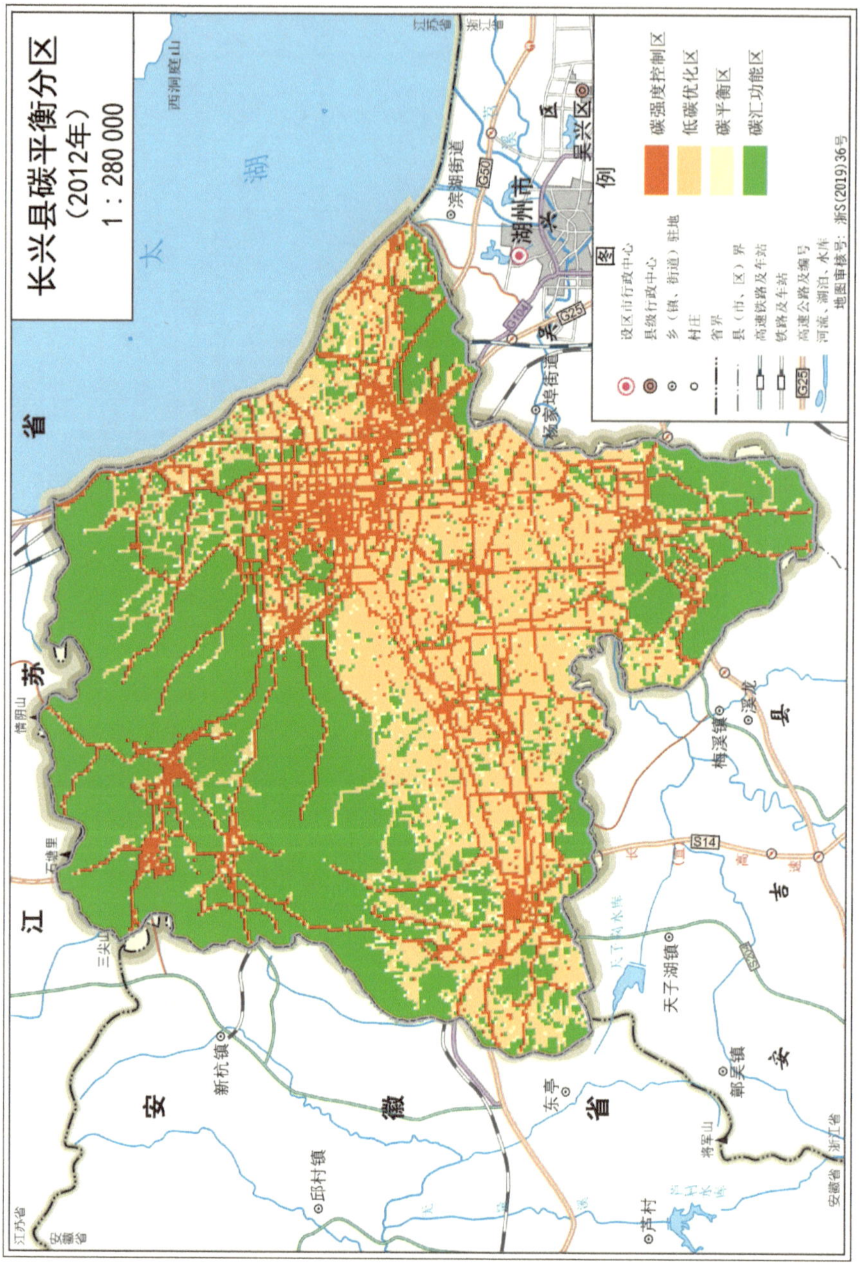

附图26 长兴县2012年碳平衡分区

附图 27 长兴县 2017 年碳平衡分区

附图 28　金堂县 2008 年碳平衡分区

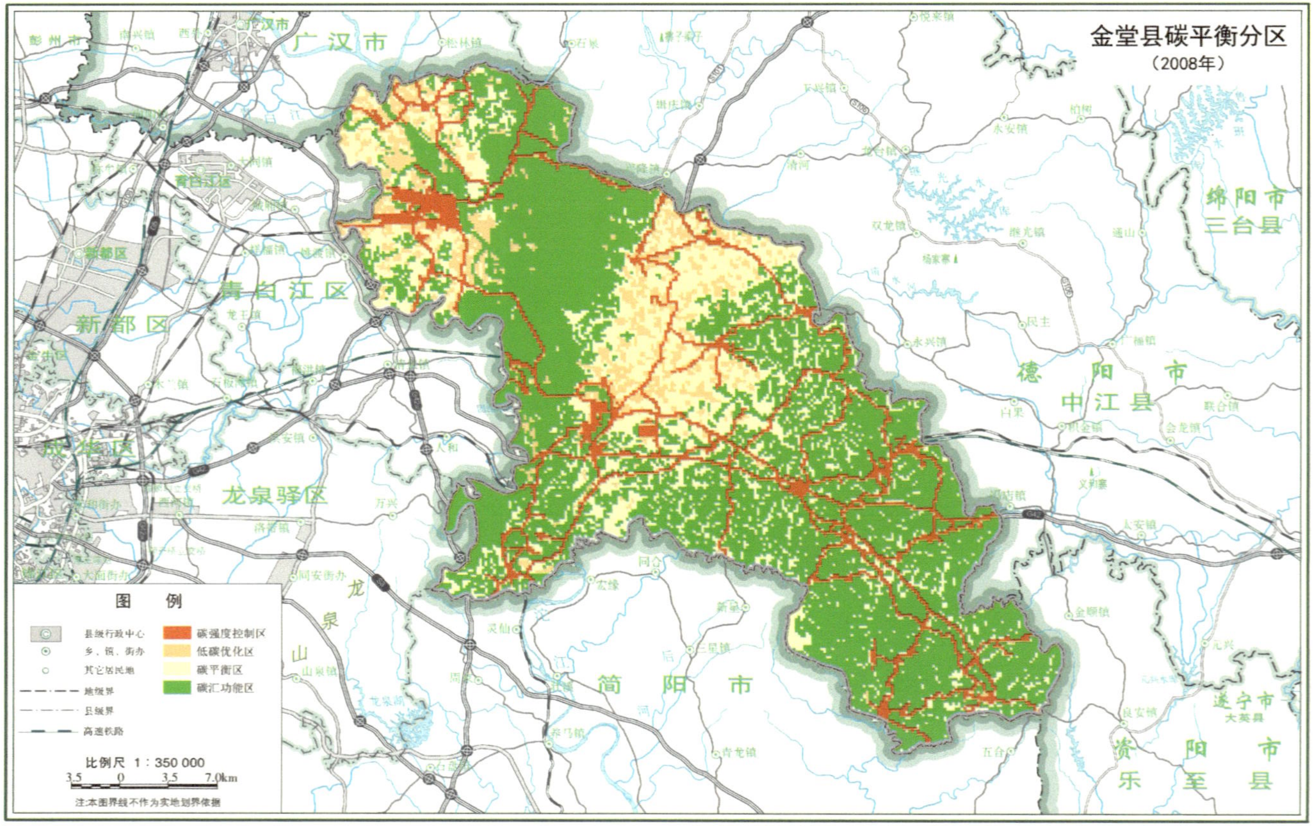

审图号：图川审（2016）027号

附图29 金堂县2012年碳平衡分区

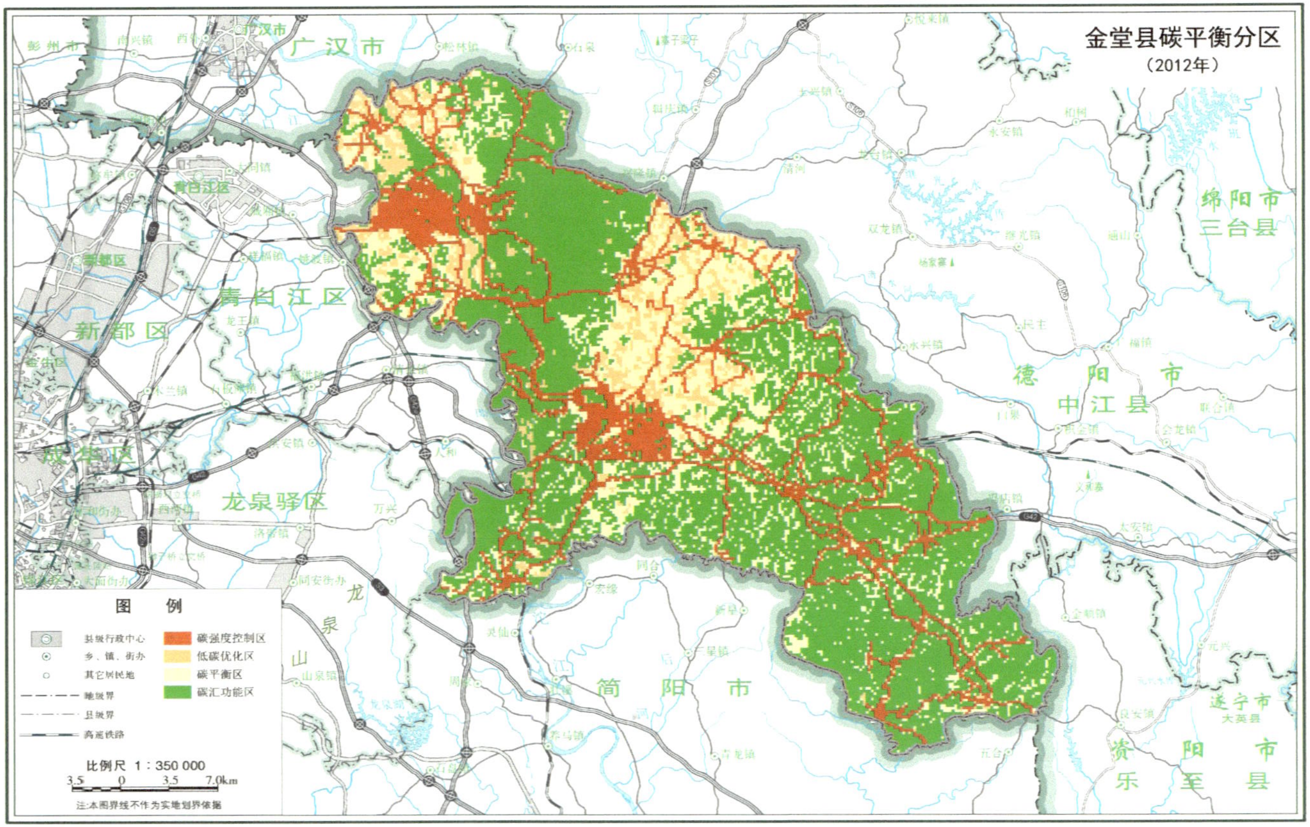

审图号：图川审（2016）027号

附图 30　金堂县 2017 年碳平衡分区

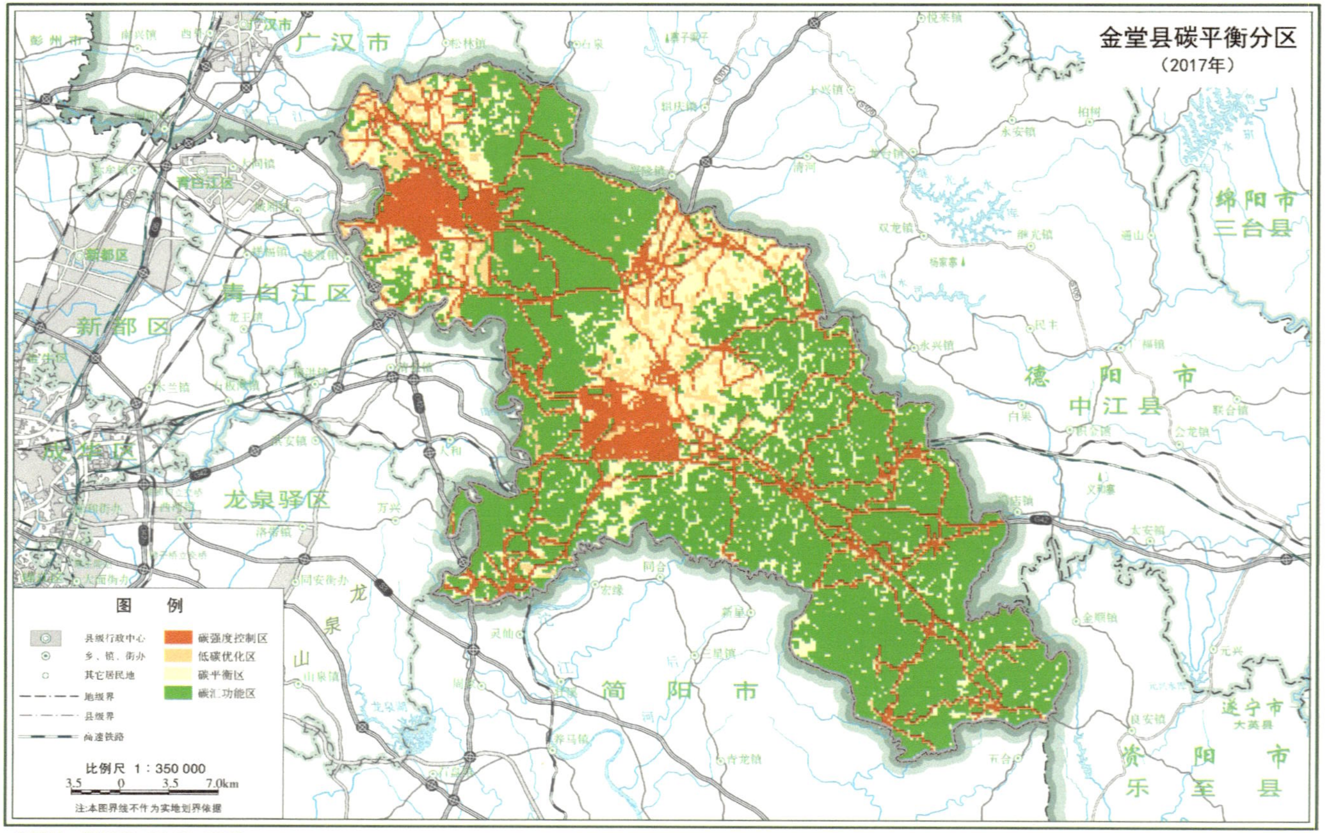

审图号：图川审（2016）027号

附图31 武安市2008年碳平衡分区

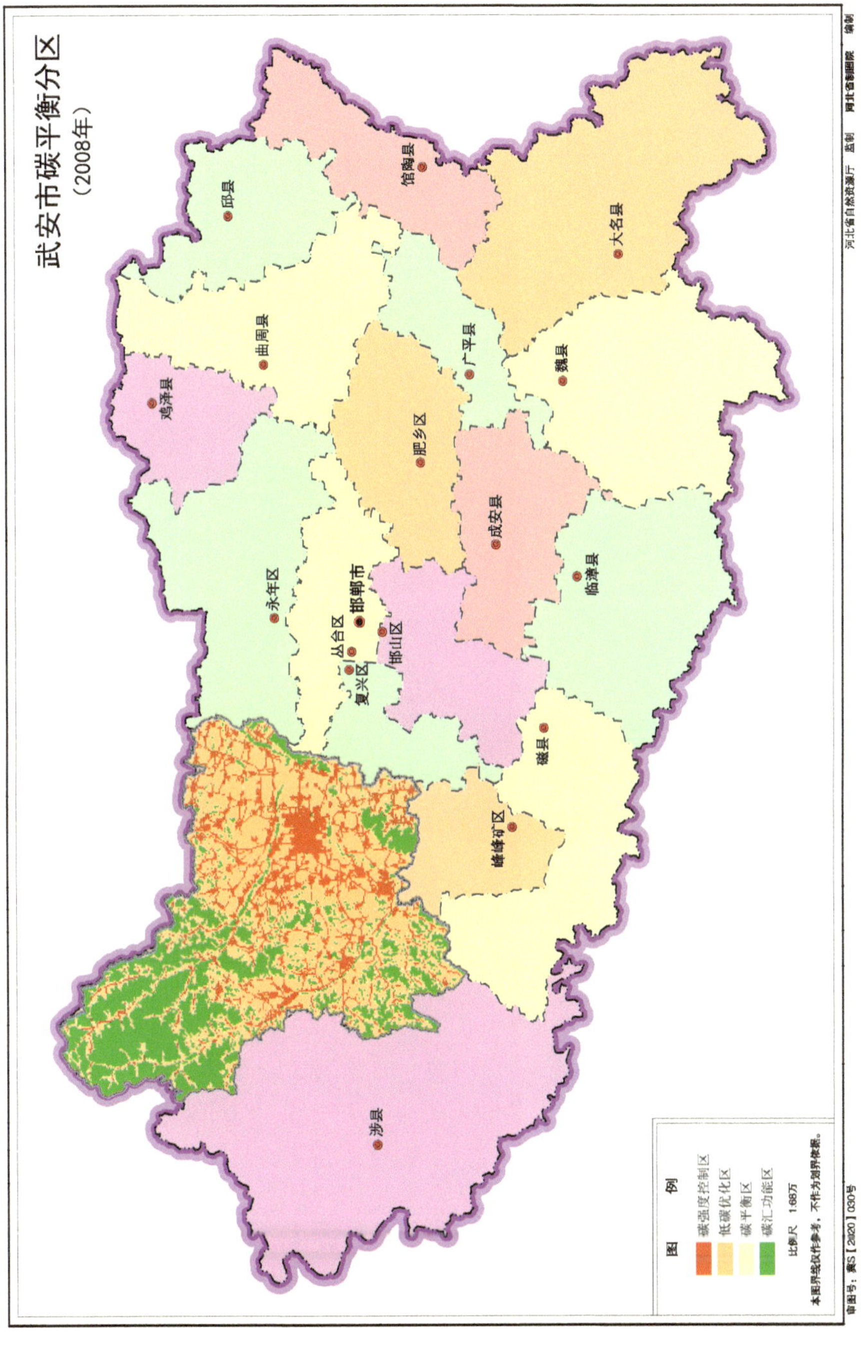

附图32 武安市2012年碳平衡分区

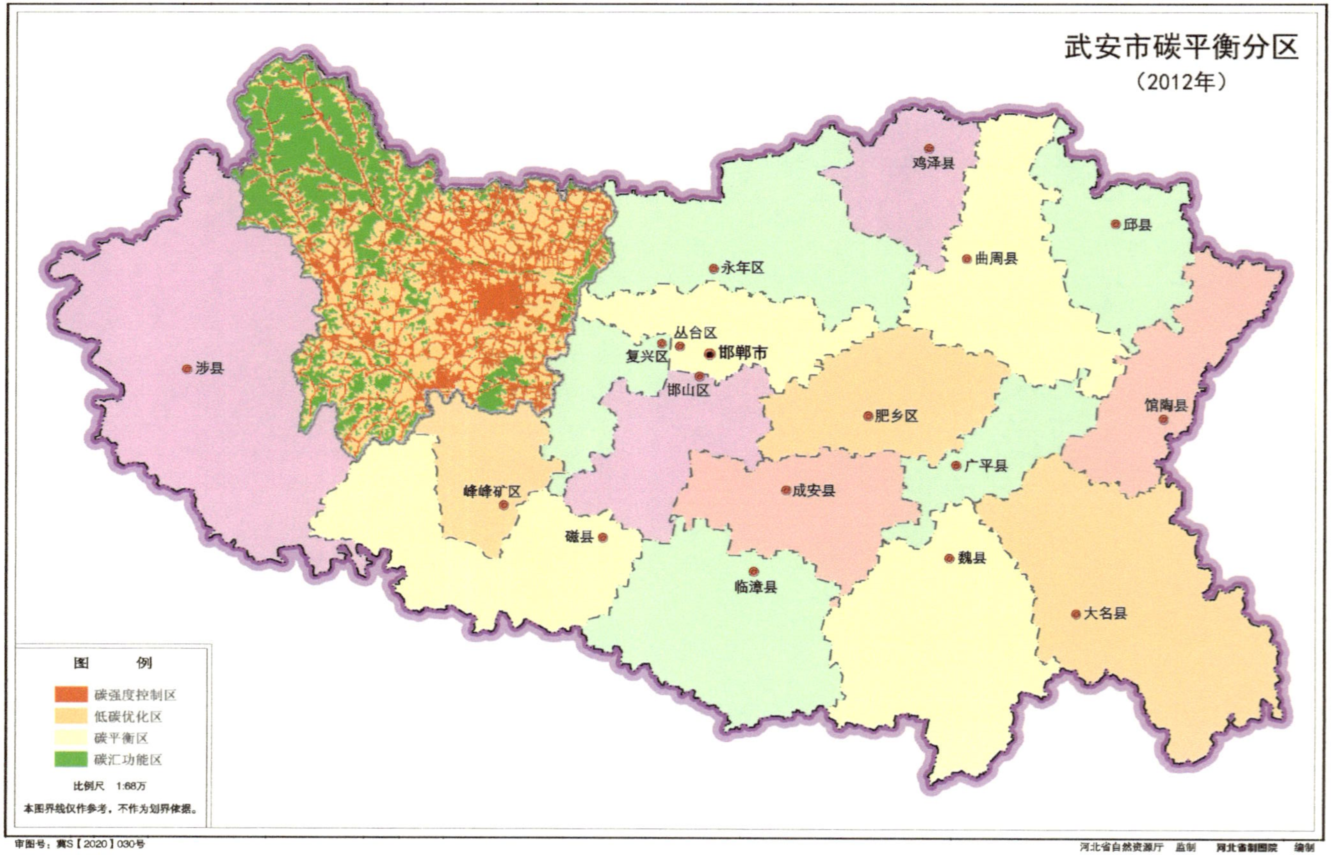

附图33　武安市2017年碳平衡分区

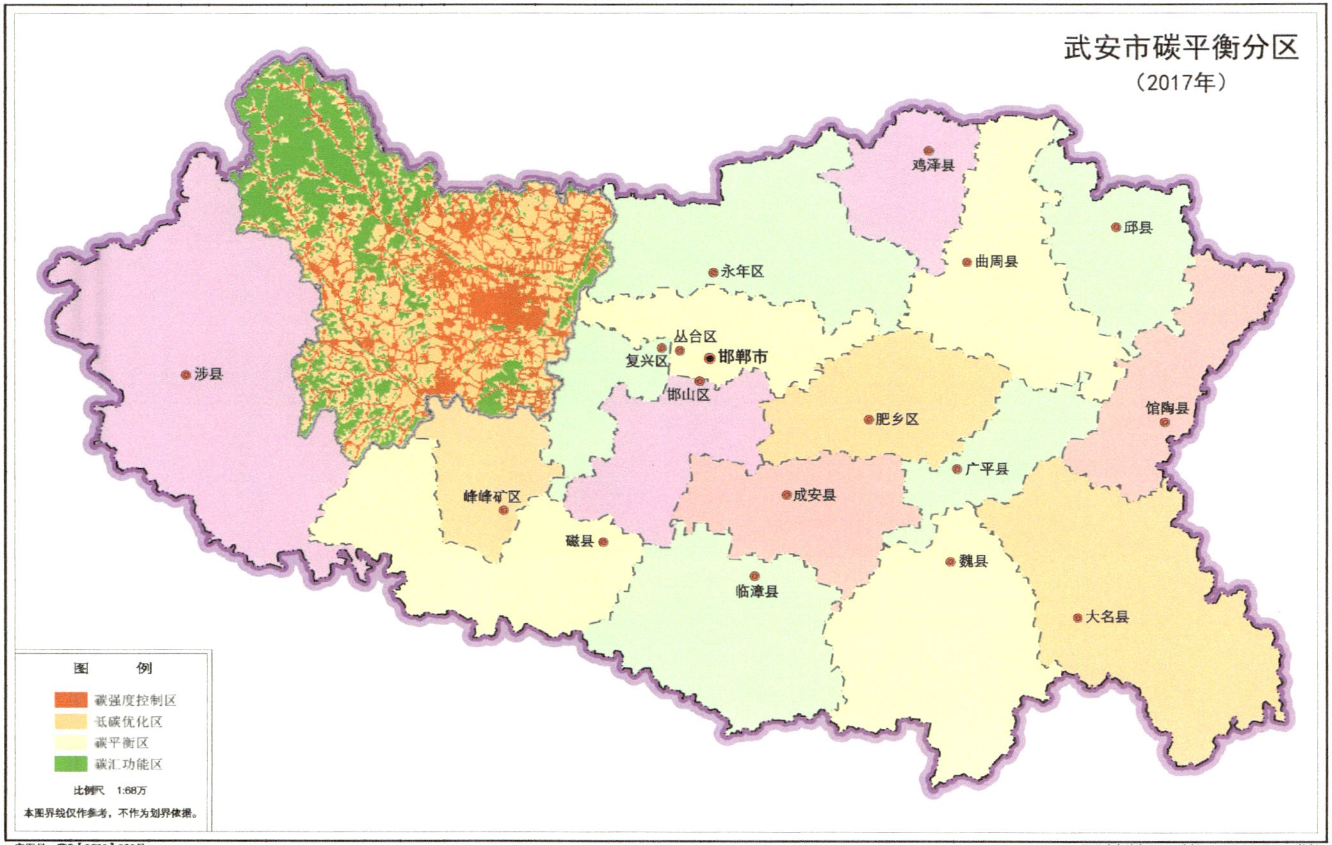

审图号：冀S【2020】030号　　河北省自然资源厅　监制　河北省制图院　编制

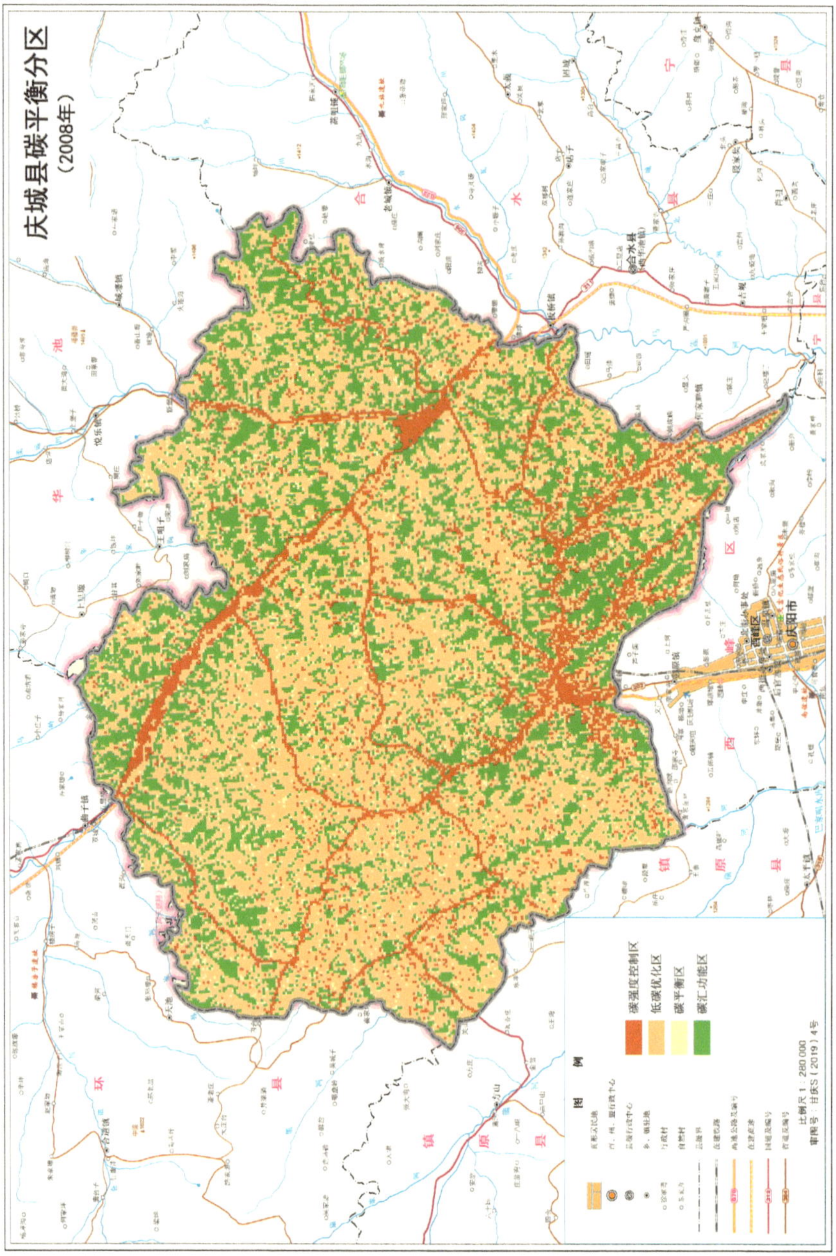

附图34 庆城县2008年碳平衡分区

附图 35 庆城县 2012 年碳平衡分区

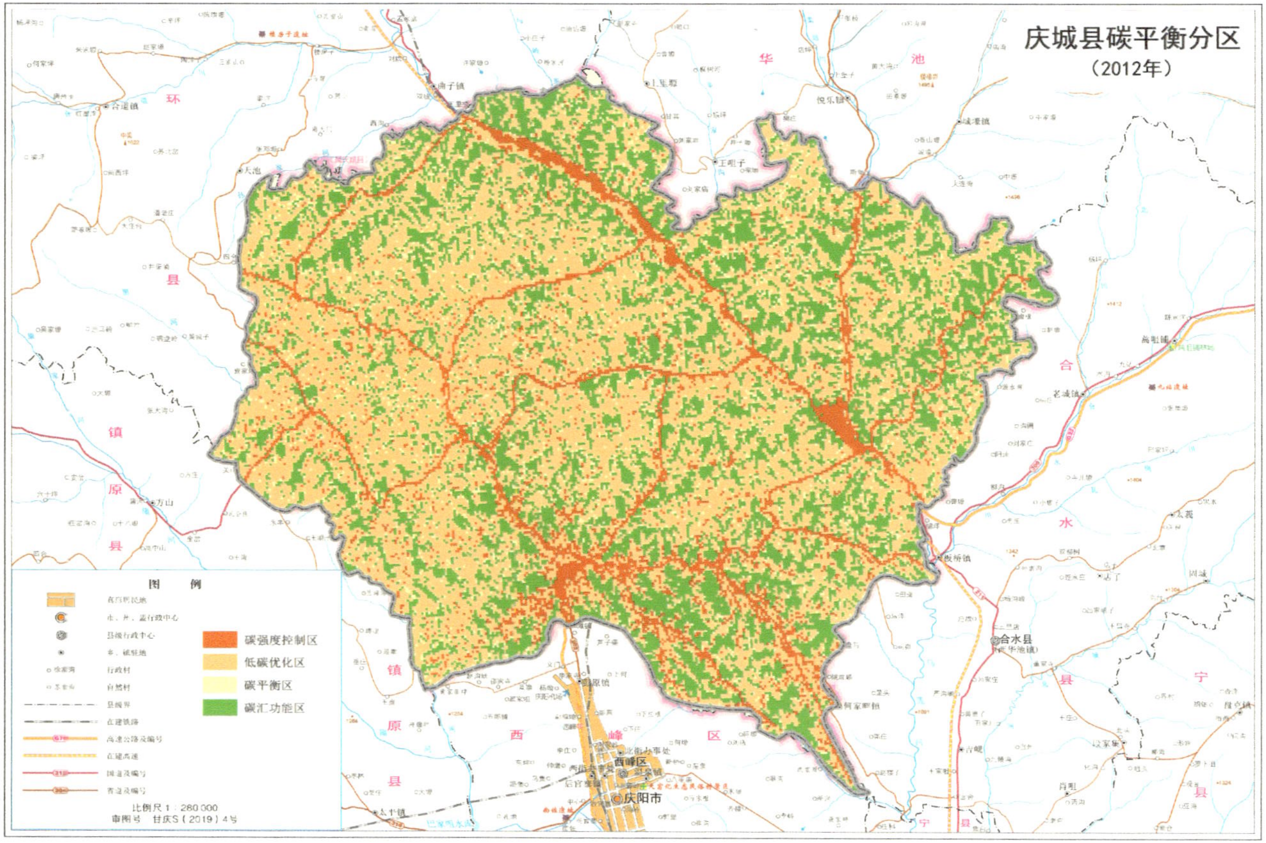

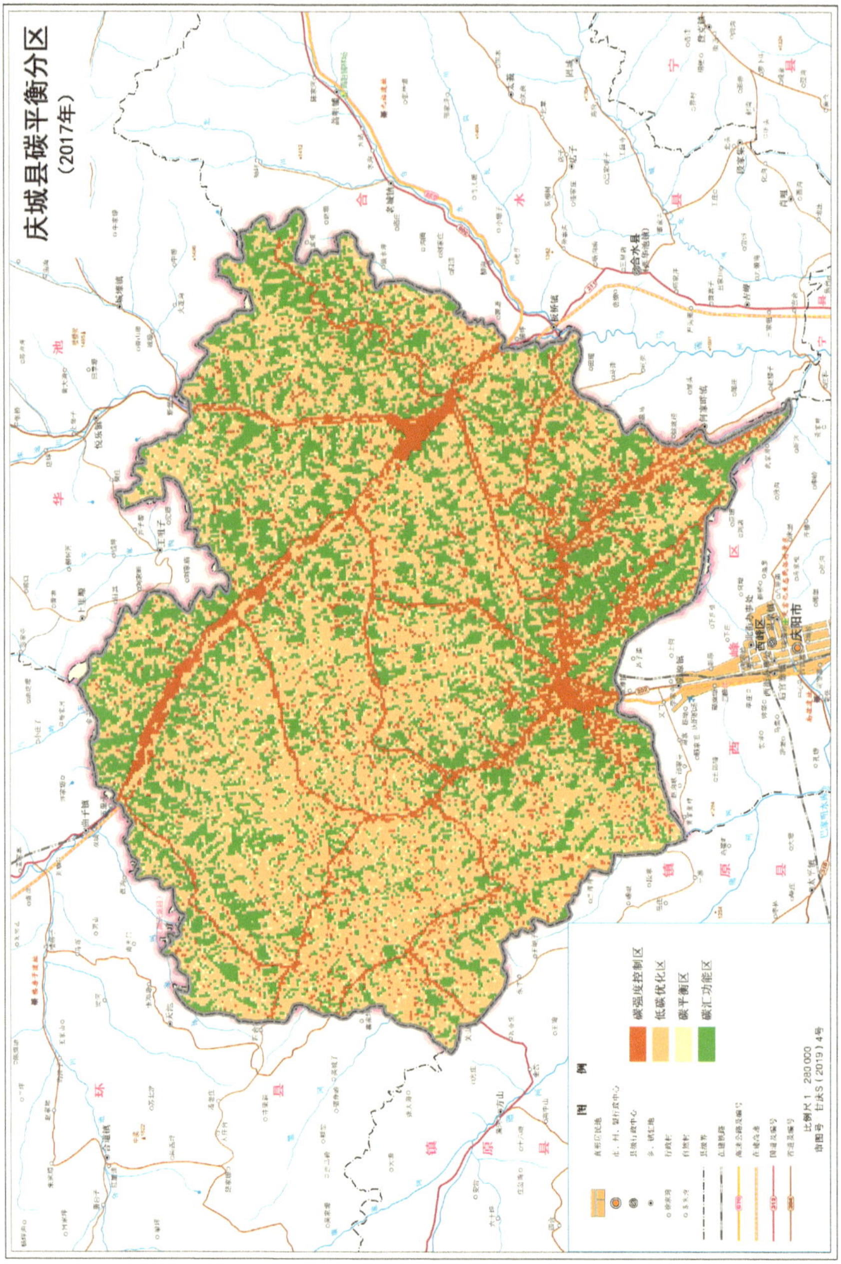

附图36 庆城县2017年碳平衡分区

附图 37 长兴县 2030 年碳平衡分区（强化情景）

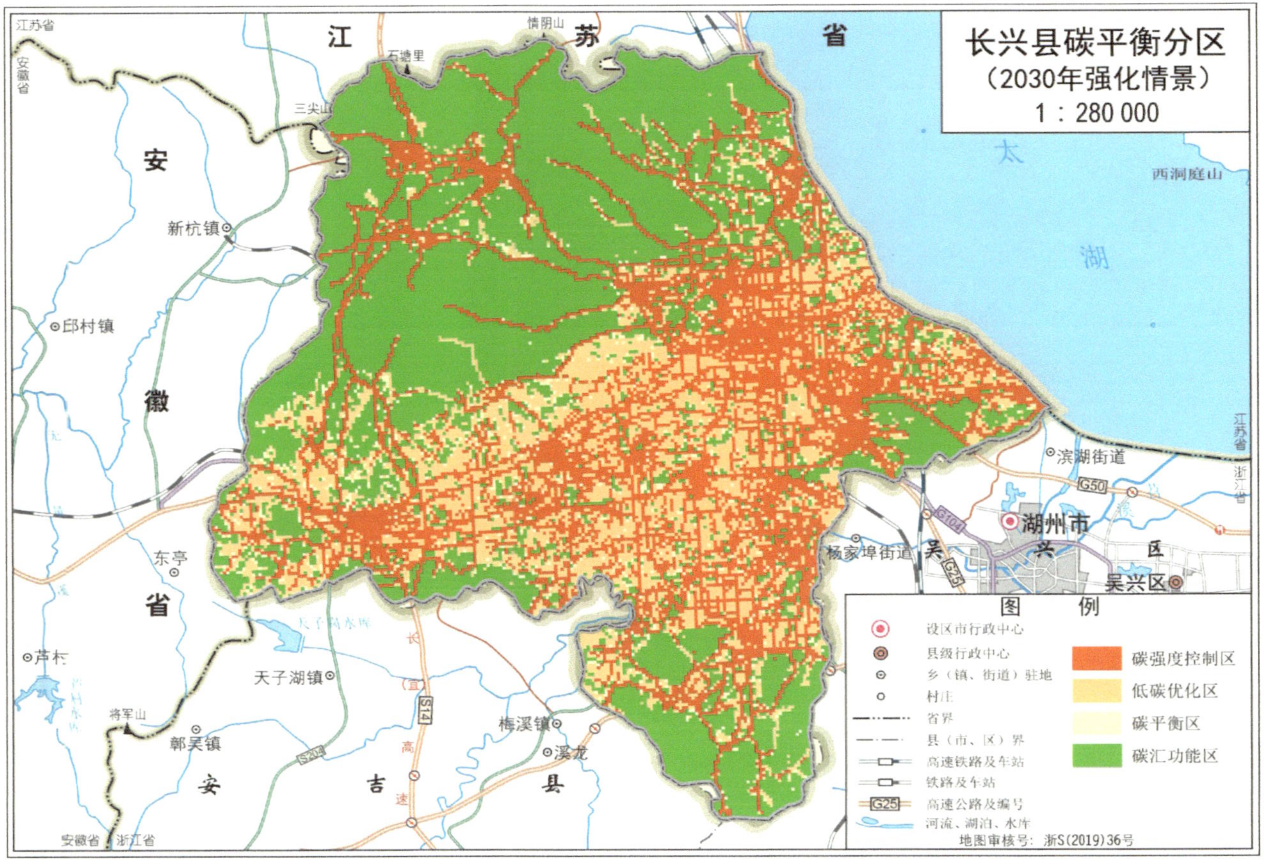

附图38 长兴县2030年碳平衡分区（基准情景）

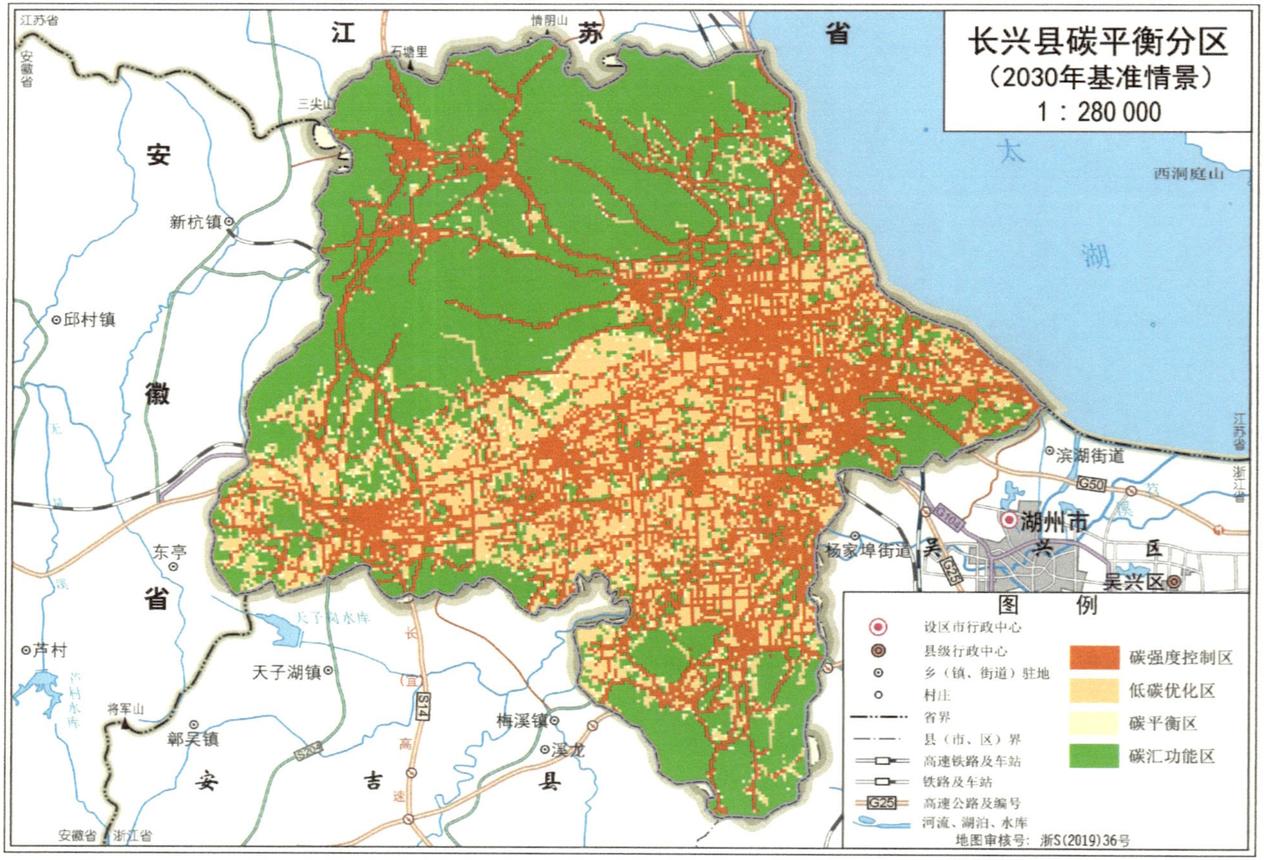

附图 39　长兴县 2030 年碳平衡分区（渐进情景）

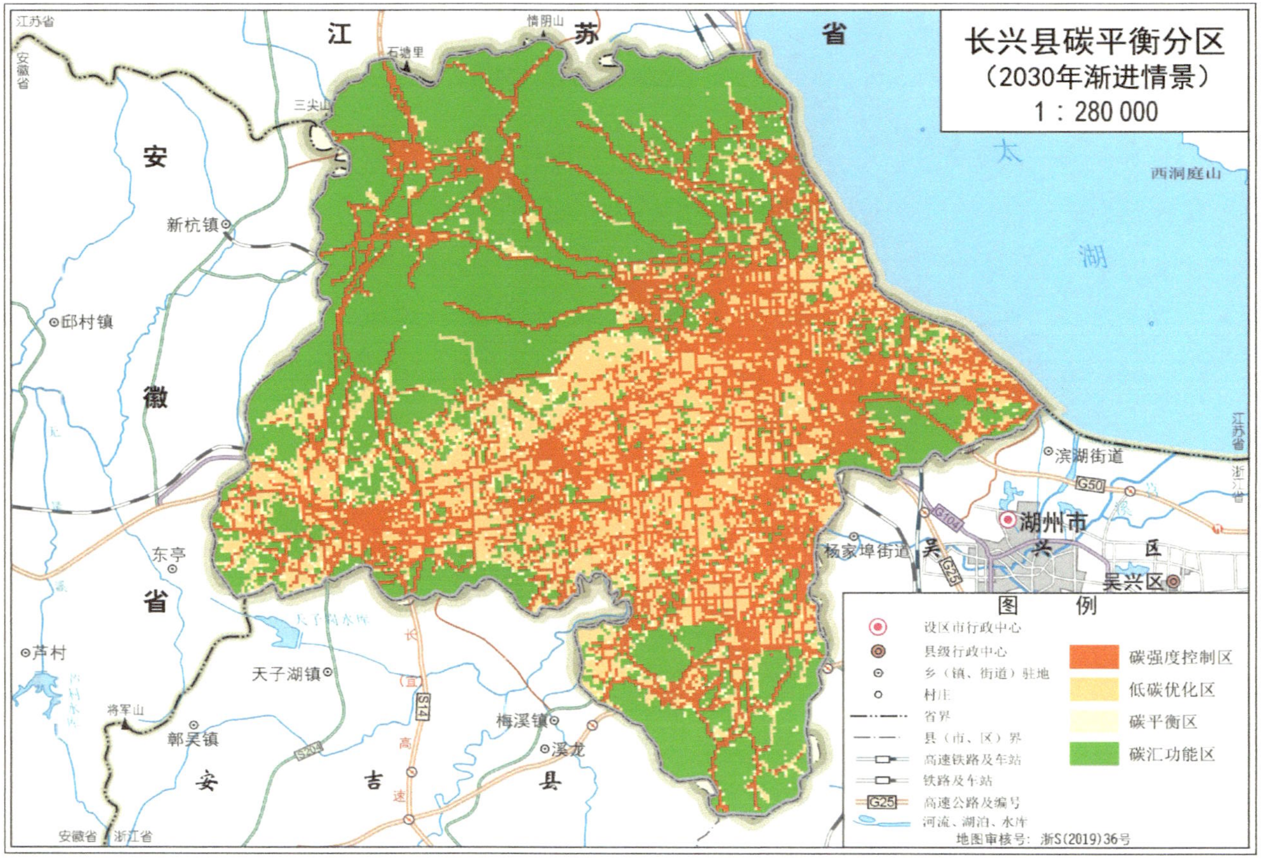

附图 40　金堂县 2030 年碳平衡分区（强化情景）

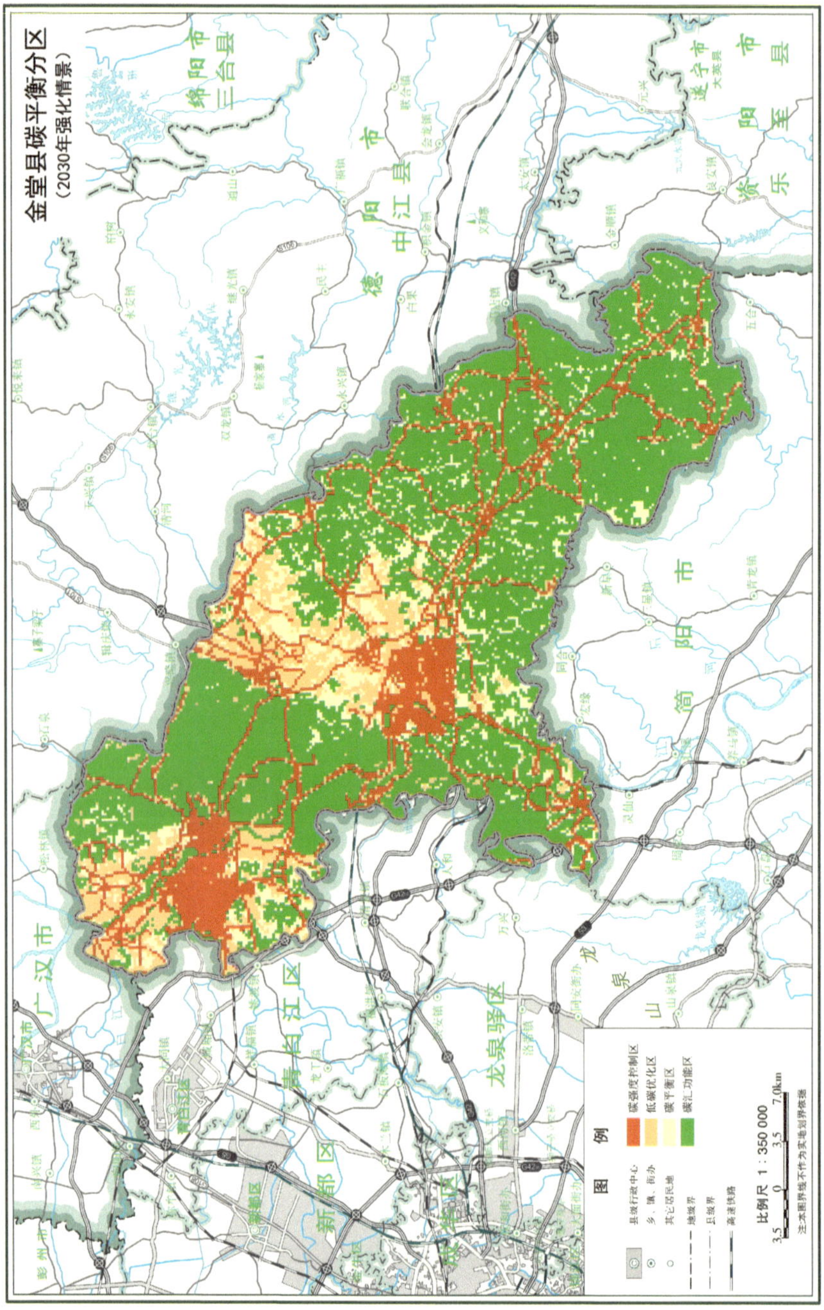

审图号：图川审（2016）027号

附图 41　金堂县 2030 年碳平衡分区（基准情景）

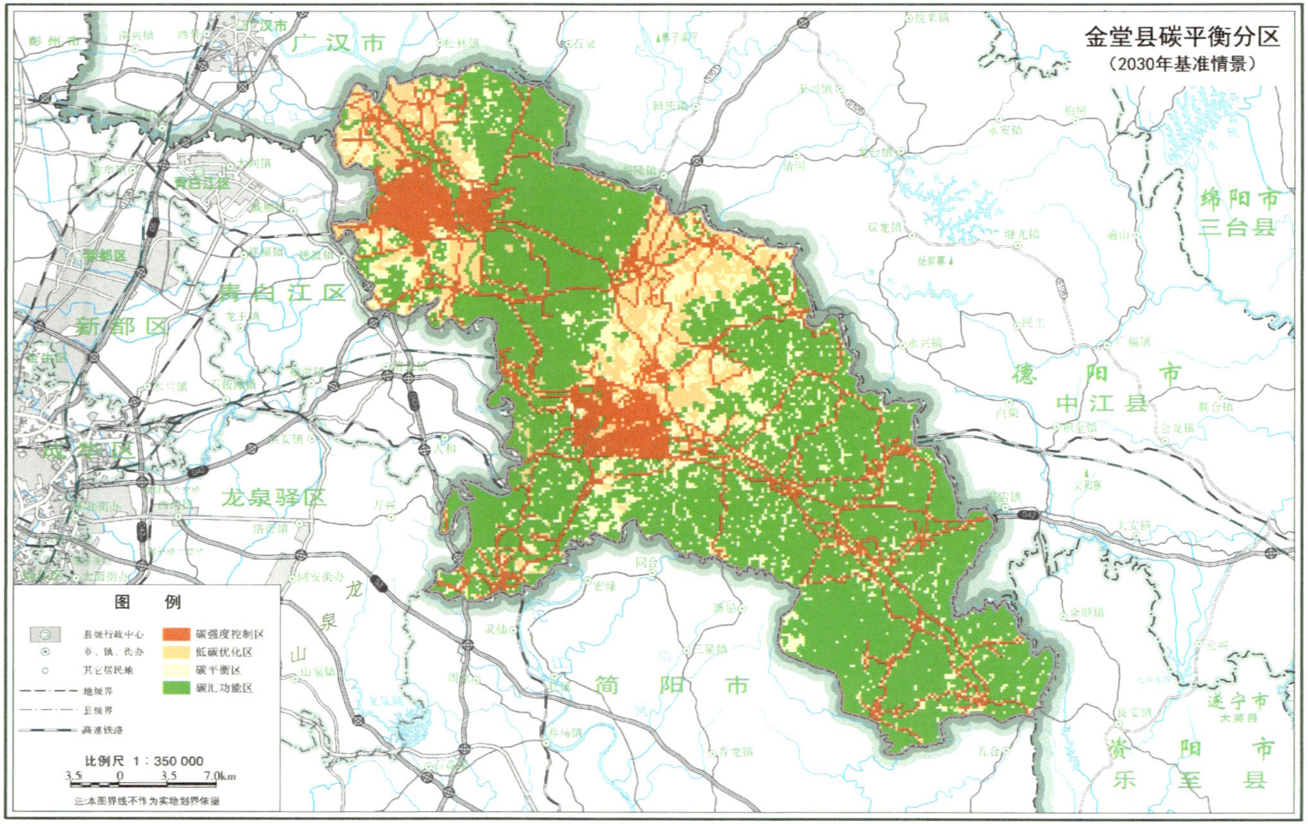

审图号：图川审（2016）027号

附图 42 金堂县 2030 年碳平衡分区（渐进情景）

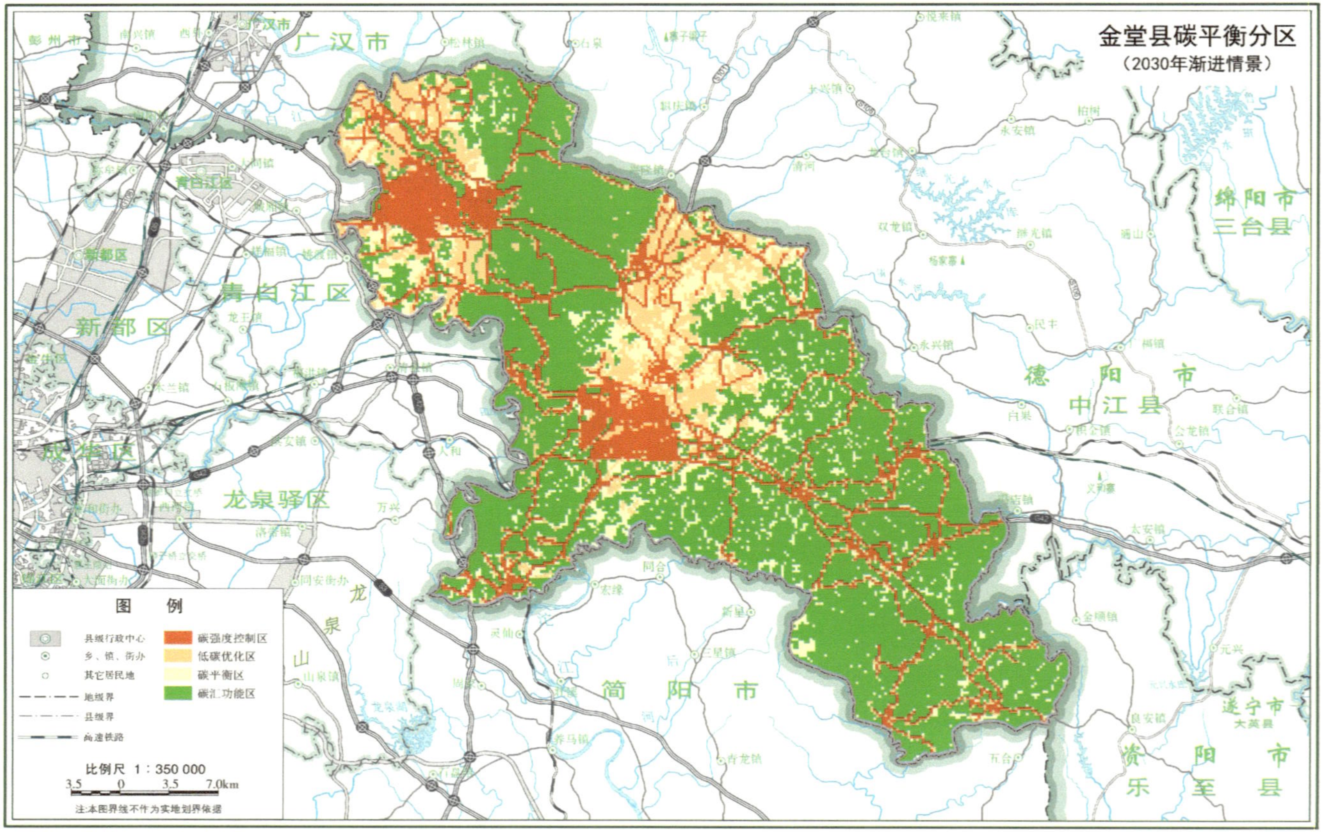

审图号：图川审（2016）027号

附图 43 武安市 2030 年碳平衡分区（强化情景）

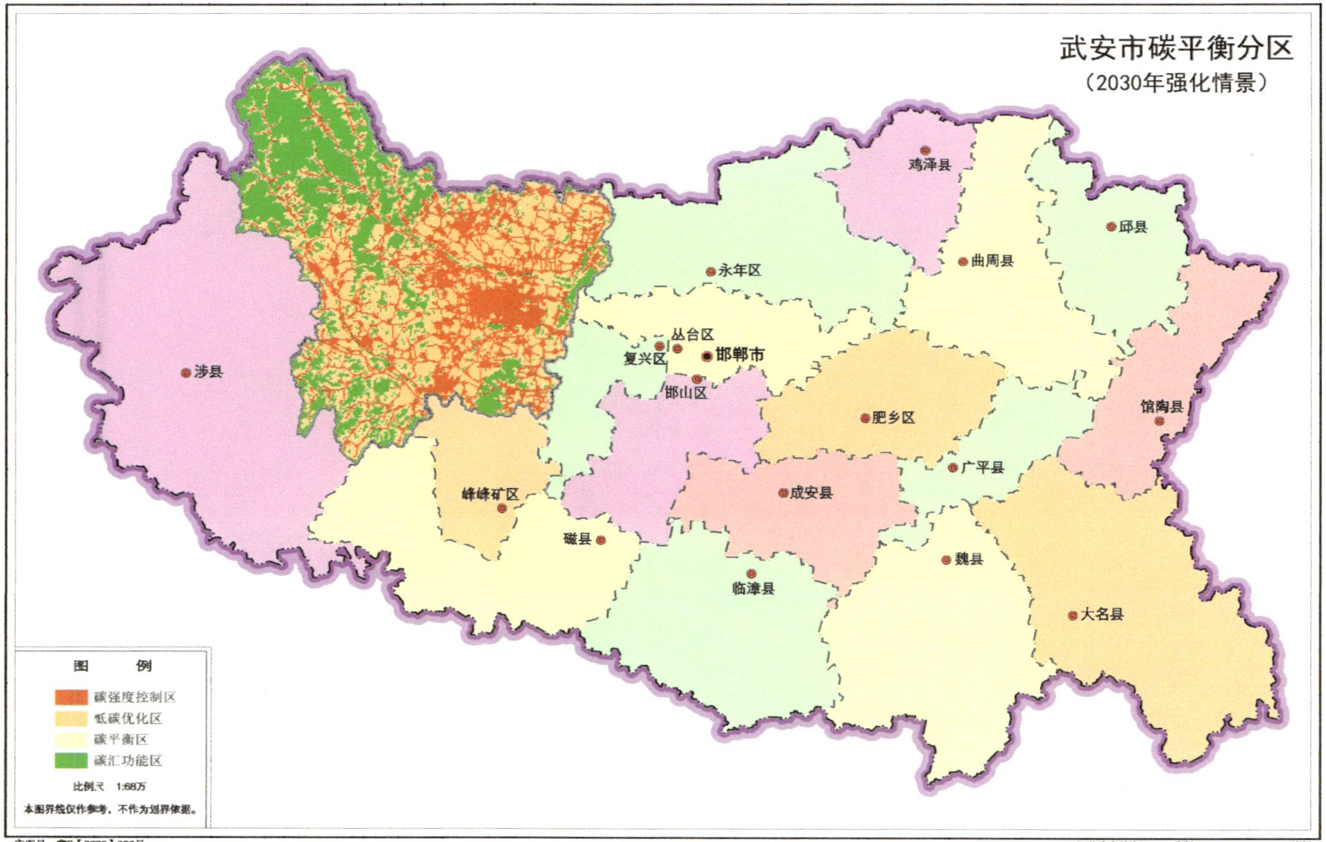

附图 44　武安市 2030 年碳平衡分区（基准情景）

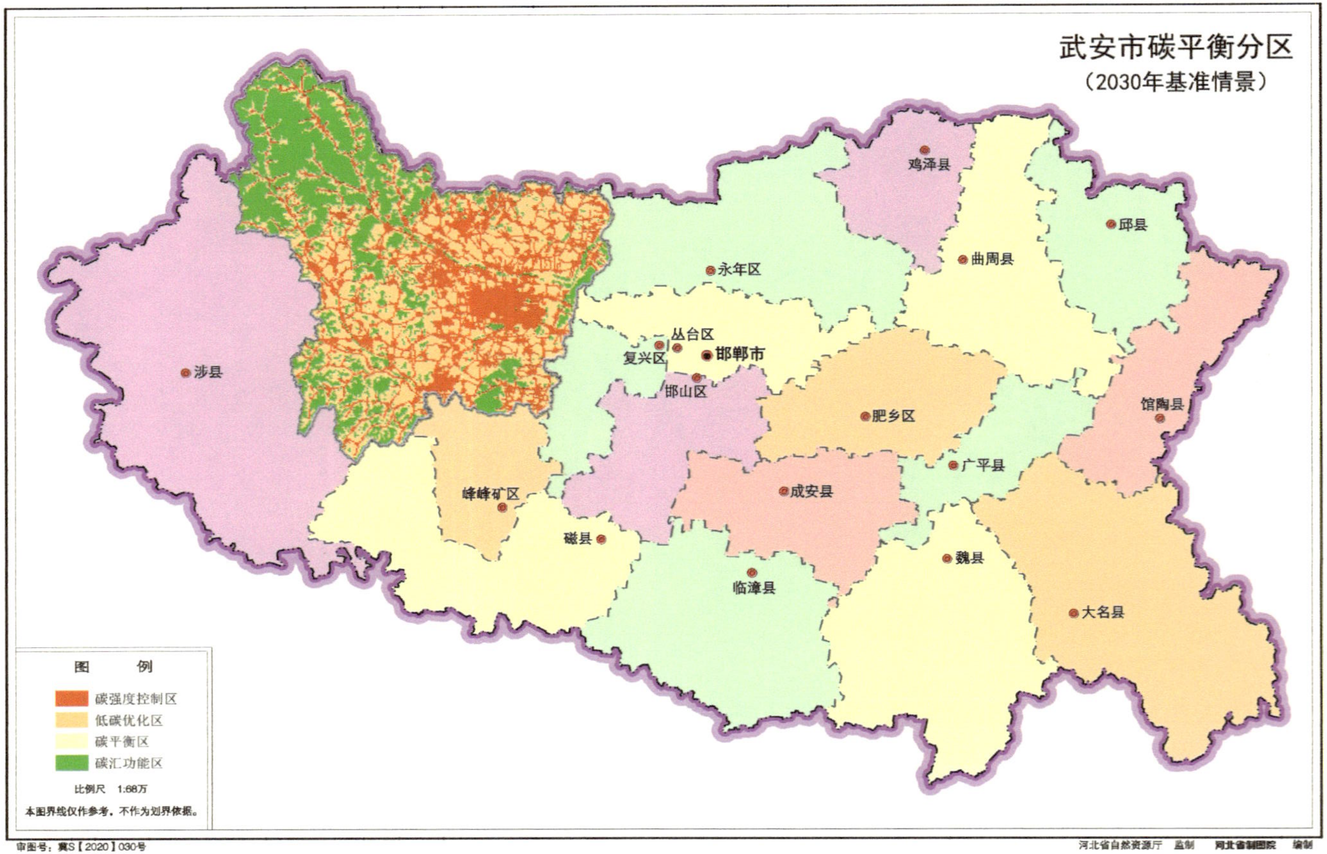

附图 45　武安市 2030 年碳平衡分区（渐进情景）

审图号：冀S［2020］030号　　河北省自然资源厅　监制　　河北省制图院　编制

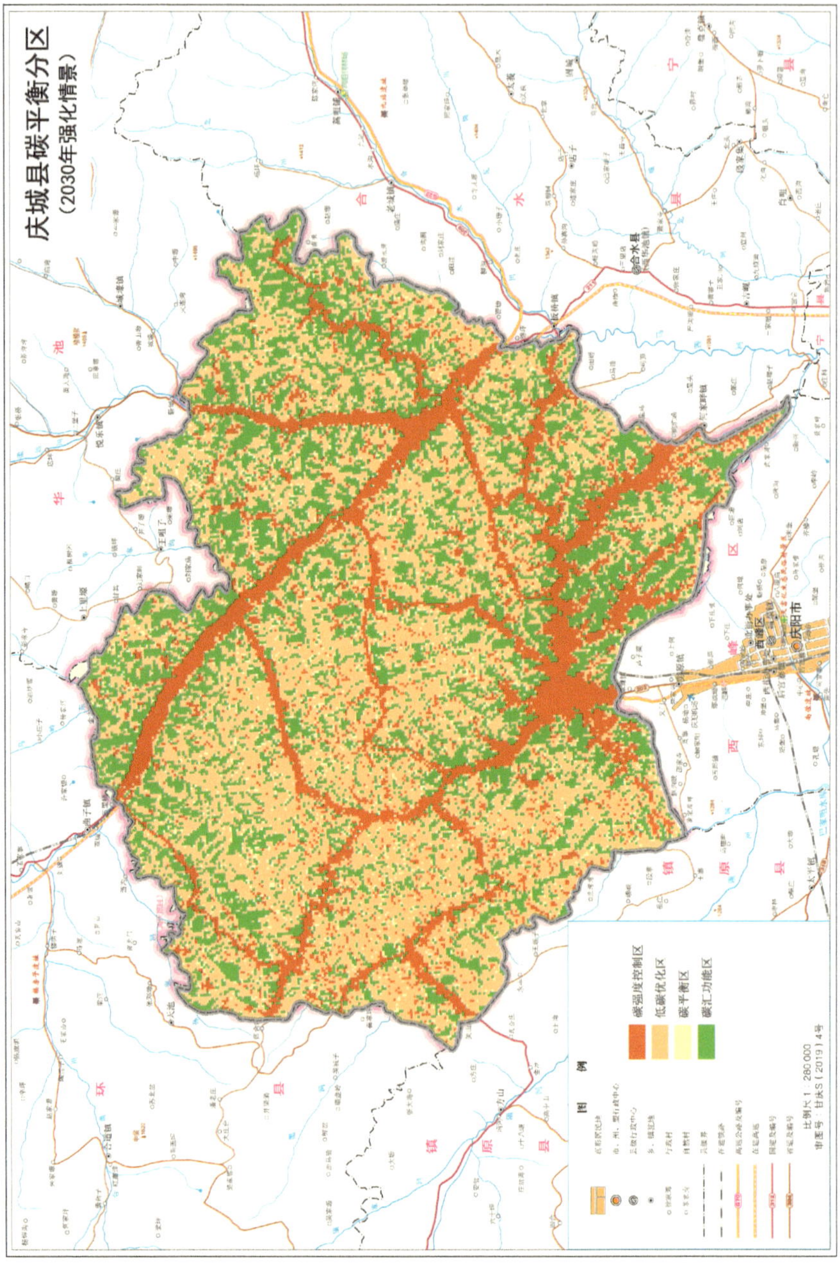

附图 46　庆城县 2030 年碳平衡分区（强化情景）

附图 47 庆城县 2030 年碳平衡分区（基准情景）

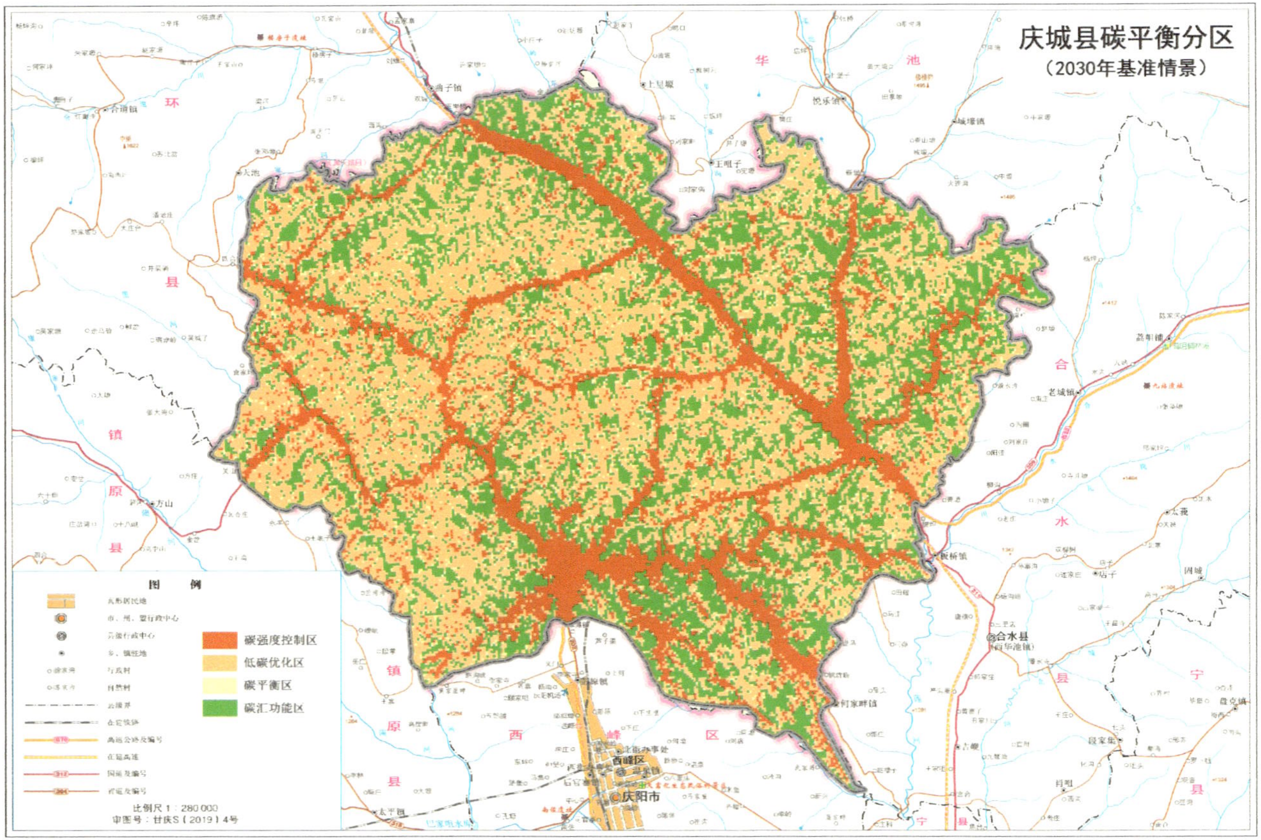

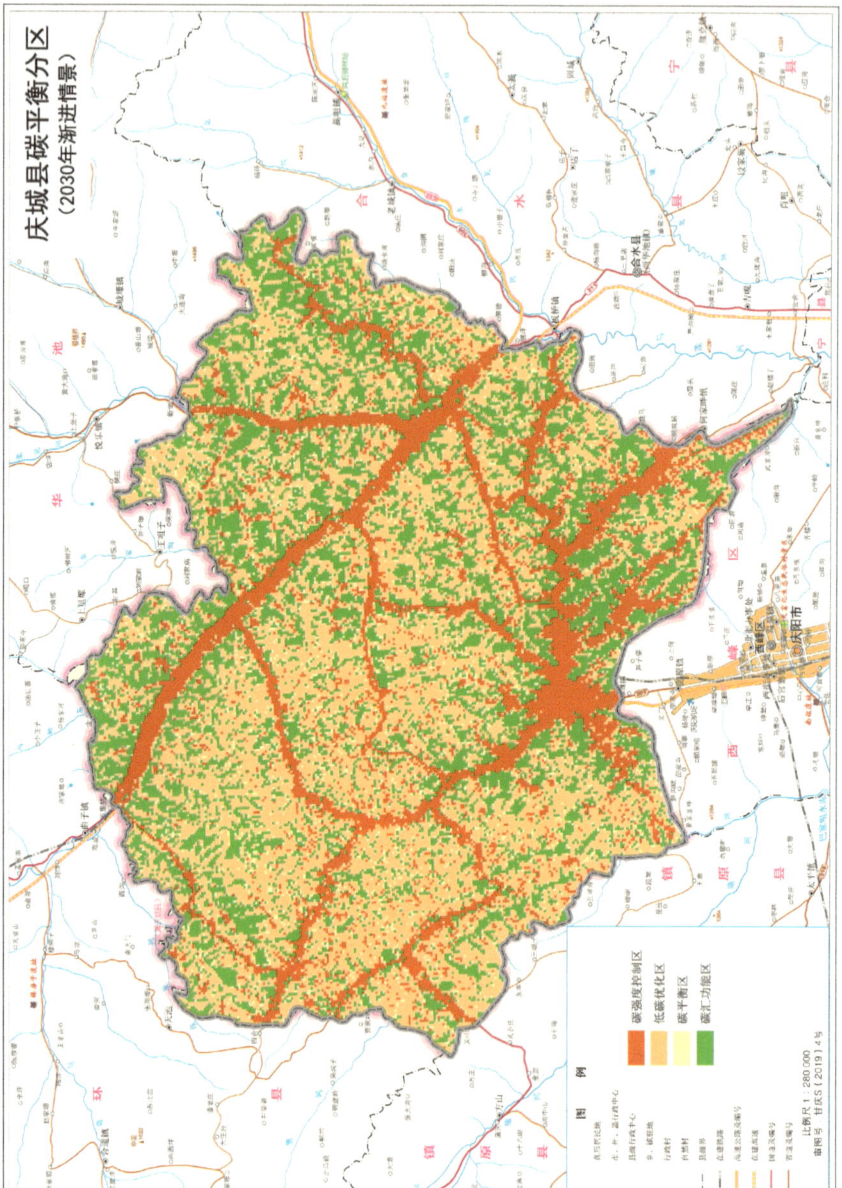

附图48 庆城县2030年碳平衡分区（渐进情景）